应用型本科 汽车类专业系列教材

CATIA 工程设计基础教程

主　编　胡顺安　左克生　焦洪宇

副主编　陈　龙　刘明明　尚国瑞

西安电子科技大学出版社

内 容 简 介

本书共 9 章，前 8 章主要介绍 CATIA 逆向设计，第九章主要介绍正向工程设计实例。逆向设计部分主要以曲面数字化设计为基础，涉及创成式外形设计、自由曲面设计、数字曲面编辑器以及快速曲面重构等功能模块，并结合多个实例详细介绍了 CATIA 逆向工程设计建模的过程及应用技巧；正向工程设计实例部分以车桥桥壳总成及其零件设计的实际工程应用为主题，主要涉及零件设计、装配设计和工程图设计几个功能模块，最后一章结合多个实例介绍了 CATIA 正向工程设计建模过程及应用技巧。

本书紧密结合零部件数字化设计应用型人才工程素质培养要求，系统性和实用性强，可作为高等院校理工科本科生的教材、培训教程或参考书，同时还可作为正向与逆向工程方面的技术人员的自学参考书。

图书在版编目(CIP)数据

CATIA 工程设计基础教程 / 胡顺安，左克生，焦洪宇主编. —西安：西安电子科技大学出版社，2020.11

ISBN 978-7-5606-5902-2

Ⅰ. ①C… Ⅱ. ①胡… ②左… ③焦… Ⅲ. ①机械设计—计算机辅助设计—应用软件—高等学校—教材 Ⅳ. ① TH122

中国版本图书馆 CIP 数据核字(2020)第 200176 号

策划编辑 高 樱
责任编辑 马晓娟 高 樱
出版发行 西安电子科技大学出版社(西安市太白南路 2 号)
电 话 (029)88242885 88201467 邮 编 710071
网 址 www.xduph.com 电子邮箱 xdupfxb001@163.com
经 销 新华书店
印刷单位 陕西天意印务有限责任公司
版 次 2020 年 11 月第 1 版 2020 年 11 月第 1 次印刷
开 本 787 毫米×1092 毫米 1/16 印 张 22.5
字 数 535 千字
印 数 1～3000 册
定 价 59.00 元

ISBN 978-7-5606-5902-2 / TH

XDUP 6204001-1

如有印装问题可调换

前　　言

CATIA 软件是由法国达索公司开发的一款 CAD/CAE/CAM 一体化软件，因其方便的操作和强大的曲面数字化设计功能在飞机、汽车等设计领域被广泛应用。它不仅涵盖了产品从概念设计、工业设计、三维建模、分析计算、动态模拟和仿真、工程图的生成到生产加工产品的全过程，还提供了大量电缆和管道布线、各种模具设计与分析和人机交互等实用模块。

本书根据历年毕业生工作后的反馈，在校本教材基础上进行了相应修改，增加了正向设计实例一章，主要涉及零件设计、装配设计和工程图设计的应用。全书分为两大部分：第一部分以曲面数字化设计为基础，主要涉及创成式外形设计、自由曲面设计、数字曲面编辑器和快速曲面重构等模块，着重介绍逆向设计功能的使用；第二部分以车桥桥壳总成设计为基础，主要涉及零件设计、装配设计、工程图设计，着重介绍产品正向设计的应用。

本书共 9 章。第一章全面介绍了 CATIA 工程设计概念和主要模块，使读者对 CATIA 正向设计和逆向设计有一个清楚的认识。第二章介绍了创成式外形设计模块草图编辑器、创建线框、创建曲面和操作等工具栏中各主要命令的作用与用法。第三章通过六通管和导风管两个实例，讲述了创成式外形设计模块的曲面设计功能。第四章介绍了自由曲面设计模块创建曲线、创建曲面、操作、形状修改以及曲线/曲面分析等工具栏中各主要命令的作用与用法。第五章通过花瓶和汽车车身两个实例，讲述了自由曲面设计模块的曲面设计功能。第六章介绍了数字曲面编辑器模块点云数据由来、点云编辑、铺面与补洞、创建交线以及创建曲线等工具栏中各主要命令的作用与用法。第七章介绍了快速曲面重构模块创建轮廓、曲线/曲面操作、创建曲面、划分点云以及点云分析等工具栏中各主要命令的作用与用法。第八章通过椅子、自行车座椅、沙光机和汽车后备厢盖四个实例介绍了 CATIA 软件在逆向设计建模中的一般过程及其应用技巧，并在第八章后增加了课后综合练习题。第九章主要以衬环、法兰、半轴套管、下支架、弹簧滑板座和桥壳本体为零件设计实例，介绍了零件设计模块相关命令的使用；同时，以设计的零件为装配零部件，简要地介绍了装配过程相关命令的使用；另外还以衬环和下支架两个工程图设计实例为例，简要介绍了工程图设计部分命令的使用。本书中的相关实例可通过扫描二维码在百度网盘进行下载。通过本书的学习，希望读者能快速地掌握 CATIA 设计工具，提高设计能力和设计效率。

全书由常熟理工学院胡顺安、左克生和焦洪宇担任主编，由观致汽车陈龙、山东农业工程学院刘明明和山东蓬翔汽车有限公司尚国瑞担任副主编。其中，第一章由胡顺安、陈龙编写，第二章、第三章和第四章由胡顺安、左克生、陈龙、焦洪宇共同编写，第五章、第六章由左克生、胡顺安和焦洪宇共同编写，第七章、第八章和第九章由胡顺安、陈龙、焦洪宇、刘明明和尚国瑞共同编写。全书由胡顺安、左克生和焦洪宇统稿。本书编写过程中得到了李任任、徐帆的大力支持，在此表示衷心的感谢。

由于编者水平有限，时间紧迫，书中的疏漏在所难免，恳请读者能够谅解并给予指正。如果读者对本书有好的建议和意见，可与作者联系(E-mail：hsa@cslg.edu.cn)。

编　者

2020 年 5 月

目　　录

第一章 CATIA 工程设计简介

CATIA 是由法国达索公司开发的一款 CAD/CAE/CAM 一体化软件，在 NX、Creo 和 CATIA 三分天下的工程软件竞争市场中，CATIA 软件以其强大的曲面设计功能在飞机、汽车、轮船等设计领域享有很高的声誉。CATIA 系列产品为汽车设计、航空航天、船舶制造、厂房设计、建筑、电力与电子、消费品和通用机械制造等领域提供 3D 设计和模拟解决方案。围绕数字化产品和电子商务集成概念进行系统结构设计的 CATIA V5 版本，可为数字化企业建立一个针对产品整个开发过程的工作环境。因此，本书以 CATIA V5 版本为基准进行讲解。

本章主要对 CATIA 正向设计、曲面逆向设计和曲面数字化设计等几大部分进行简要介绍。

CATIA 正向设计有严格的设计流程，一般都有功能与规格的预期指标设计、构思产品、设计各个零部件、制造、组装、测试等环节。以汽车设计为例，汽车的正向设计流程主要有三大阶段：项目概念阶段、项目规划阶段和项目实施阶段，如图 1-1 所示。

图 1-1 汽车的正向设计流程

逆向设计是通过一定的测量手段对实物或模型进行测量，根据测量数据，通过三维几何建模方法重构实物的 CAD 模型的过程，是一个从样品生成产品数字化信息模型的过程。在测量获得点云后，通过 CATIA 中的数字曲面编辑器模块(Digitized Shape Editor，DSE)将点云导入，然后采用点、线、面等方法构造出与实物或模型相近的三维模型。图 1-2 所示为采用 CATIA 进行汽车后备厢盖逆向三维建模结果。

图 1-2　汽车后备厢盖 CATIA 三维逆向建模结果

对于复杂的产品，正向设计方法就显示出其不足：设计过程难度大、周期较长、成本高、产品研制开发难。逆向设计过程与正向设计过程相反，逆向设计通常适用于产品复杂外观表面设计。在产品复杂外观设计过程中，一般都会涉及正向设计和逆向设计，这样可以大大缩减研发周期，降低研制难度。

1.1　CATIA 曲面数字化设计主要模块介绍

CATIA 软件以其强大的曲面设计功能在工程设计方面得到广泛应用。曲面数字化设计主要由创成式外形设计、自由曲面设计、数字曲面编辑器、快速曲面重构等模块构成。

1.1.1　创成式外形设计

创成式外形设计(Generative Shape Design)是 CATIA 进行曲面设计的主要模块之一，可以使用线框和曲面特征快速创建简单的和复杂的外形。该模块提供非常完整的曲线操作工具和最基础的曲面构造工具，除了可以完成各种曲线操作以外，还可以完成拉伸、旋转、扫描、边界填补、桥接、修补碎片、拼接、凸点、裁剪、光顺、投影、高级投影和倒角等功能，连续性最高达到 G2，生成封闭片体 Volume，完全达到普通三维 CAD 软件曲面造型功能。该模块提供了大量的表面设计和表面创建工具，与其他模块配合使用，可满足实体造型功能。图 1-3 所示为在创成式外形设计模块中采用草图、拉伸、多截面曲面和合并曲面等操作完成的导风管的曲面外形。通过零件设计模块中的厚曲面命令对该封闭曲面进行加厚处理，即可完成实体化操作，如图 1-4 所示。

图 1-3　导风管多截面曲面的创建

图 1-4　加厚的导风管曲面

1.1.2　自由曲面设计

　　自由曲面模块(Free Style)可以创建出不规则的曲面。自由曲面模块是通过移动、控制和编辑点的方式来定义曲面或曲线的外形，与创成式外形设计不同，它可以创建更为复杂的曲面，并可脱离实体的限制，由用户的主观意志来决定所需的外形。另外，该模块提供了曲线和曲面分析工具，是三维逆向检测局部及全局数据的必要工具和常用手段，是保证逆向数模精度的重要工具。

　　图 1-5 为某车身的三维线图，通过采用自由曲面模块中的相关命令，可以将车身三维线条图形绘制成如图 1-6 所示的车身三维曲面图形。

图 1-5　车身三维线图

图 1-6　车身曲面图形

1.1.3　数字曲面编辑器

　　任何零件的外表面都是由平面与曲面组成的，逆向设计是利用点云创建平面与曲面，将这些面修剪缝合成零件的外表面，再通过加厚处理或包络体生成实体零件。

　　数字曲面编辑器模块(Digitized Shape Editor)具有强大的点数据预处理功能，通过对点数据进行剪切、合并、过滤、三角网格化等处理，以不丢失特征为前提将庞大的点云转换为部分点数据，再经过三角网格化处理后，工件的特征更容易观察，还可以建立特征线提供给 CATIA 其他模块进行建模，也可以直接进行数控加工。

　　点云数据可通过多种方式一起测量而获得，如采用思看 PRINCE 系列手持式激光三维扫描仪可灵活而高效地获取点云数据，然后通过 CATIA 中的数字曲面编辑器将点云导入进行逆向设计的相关处理和设计。图 1-7 所示为思看 PRINCE 手持式扫描仪的扫描过程及点云生成情况。

图 1-7　思看 PRINCE 手持式扫描仪的扫描过程及点云生成情况

1.1.4　快速曲面重构

点云经过数字曲面编辑器(DSE)处理后，可以在快速曲面重构模块(Quick Surface Reconstruction)中快速而有效地重构曲面(缩短产品的开发流程)。快速曲面重构模块拥有强大的曲面重构功能，包括建立自由边界、提取特征曲线、多边界重构自由曲面、辨识与重建基本曲面(平面、圆柱、球、圆台)等。

CATIA 曲面数字化设计主要从上述 4 个模块入手，本书将分章节对这 4 个模块进行讲解，其中大部分命令都采用简单的实例进行叙述，并在章节后通过实际的正向或逆向设计问题综合调用各模块中的工具栏。通常，CATIA 曲面数字化设计是逆向设计和正向设计的综合，在实际的设计中应用非常广泛。

1.2　常用子模块和界面设置

CATIA 软件拥有较强的设计功能，所含模块如机械设计、形状、数字化装配、制造的数字化处理、加工模拟、人机工程学设计与分析等，在设计和制造中都起到较好的辅助作用，而每一个模块又含有较多的子模块，可实现不同的功能。本书将重点介绍机械设计模块中的零件设计、装配设计、工程制图 3 个子模块和形状模块中的创成式形状设计(Generative Shape Design，GSD)、数字曲面编辑器(Digitized Shape Editor，DSE)、快速曲面重构(Quick Surface Reconstruction，QSR)、自由曲面(FreeStyle，FS)、草图跟踪器(Sketch Tracer)等子模块。

在 CATIA 实际设计过程中可能会在多个模块间来回切换，这时可通过设置常用模块的方法，将常用的子模块集合到某一个命令中。具体步骤如下：在打开的 CATIA 软件界面中，将鼠标移动至任意工具栏上，再点击鼠标右键，弹出菜单，如图 1-8 所示；选择自定义，弹出如图 1-9 所示的自定义对话框，通过下拉滑块(图中间的滑块)选择相应子模块的名称，然后点击图中的箭头 ⟹，将选好的子模块移至右侧空白区域(收藏夹)实现子模块的自定义；下拉滑块，逐一选定所要用的子模块，最终结果如图 1-10 所示。

图 1-8　调用自定义选项

图 1-9　自定义对话框

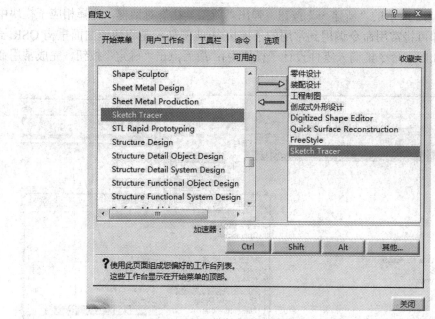

图 1-10　常用子模块设定

　　通过设定常用子模块，就可以在 CATIA 中来回切换所要用到的子模块。在设计过程中，有时候个别命令使用的频率非常高，且一般设计者常使用的模块比较单一，这时可将比较常用的命令调用到所要用的模块中(嵌入到相应模块)。具体步骤如下：在打开的 CATIA 软件界面上，进入任意一个子模块(图 1-11 所示为零件设计子模块)，将鼠标移动至工具栏上，再点击鼠标右键，弹出菜单；选择自定义，弹出自定义对话框(到此步骤与常用子模块设置步骤相同)，选择图 1-9 中"工具栏"选项，此时自定义对话框如图 1-11 所示。

图 1-11　自定义工具栏

　　点击如图 1-12 所示的"新建…"按钮，弹出"新工具栏"对话框，选择相应子模块中的相应命令，即可将常用命令调用到常用的子模块中(此例显示是将快速曲面重构 QSR 子模块中的 Operations 命令集调入零件设计子模块中)；最后点击"确定"按钮，完成常用命令调用。

图 1-12　常用命令调用

　　在子模块中，右侧工具栏中的命令显示通常并不完全，一般会隐藏起来，仔细观察右侧工具栏右下方，会有向下的双箭头━━ ▼，表示下方还有命令，这时可以通过鼠标左键按住向下的双箭头(按住鼠标左键，不放手)，将其拖拽至工具栏其他区域，并加以调整。重复多次，就可以将隐藏命令都拖拽至右侧工具栏中，完成工具栏界面设置。

第二章 创成式外形设计模块

创成式外形设计是曲面设计的基础，创成式外形设计模块是利用 CATIA 进行曲面设计的主要模块之一，可以使用线框和曲面特征快速创建简单和复杂外形，提供了大量的表面设计和表面创建工具，与其他模块配合使用，可满足实体造型功能。

2.1 创成式外形设计模块功能介绍

启动 CATIA V5，在菜单栏依次选择"开始"→"外形"→"创成式外形设计"，进入创成式外形设计模块，如图 2-1 所示。

图 2-1 创成式外形设计模块的进入

创成式外形设计模块主要包括以下功能选项。

(1) 草图编辑器：在所选平面进行草图操作，工具栏如图 2-2 所示。

(2) 线框：用于创建点、曲线以及基准平面，工具栏如图 2-3 所示。

图 2-2 "草图编辑器"工具栏　　　　图 2-3 "线框"工具栏

(3) 法则曲线：公式参数定义，工具栏如图 2-4 所示。

(4) 曲面：曲面构建，工具栏如图 2-5 所示。

图 2-4   "法则曲线"工具栏   图 2-5   "曲面"工具栏

(5) 包络体：通过曲线、曲面生成实体，工具栏如图 2-6 所示。

图 2-6   "包络体"工具栏

(6) 操作：修改操作，可以对曲线和曲面等对象进行修改，工具栏如图 2-7 所示。

(7) 约束：可以在 3D 空间下进行约束定义，工具栏如图 2-8 所示。

图 2-7   "操作"工具栏   图 2-8   "约束"工具栏

(8) 标注：注解标识，工具栏如图 2-9 所示。

(9) 分析：可以分析曲线、曲面的连接性，对曲面的锥度角、曲线与曲面曲率等进行分析，工具栏如图 2-10 所示。

图 2-9   "标注"工具栏   图 2-10   "分析"工具栏

(10) 复制：高级复制功能，可以进行高级复制、阵列等，工具栏如图 2-11 所示。

(11) 高级曲面：高级曲面构建操作，可通过突起、变形、约束曲线、曲面等方式生成曲面，工具栏如图 2-12 所示。

图 2-11   "复制"工具栏   图 2-12   "高级曲面"工具栏

(12) 已展开外形：用于生长曲面，包括展开曲面与生成曲面两种方式生成曲面，工具栏如图 2-13 所示。

图 2-13   "已展开外形"工具栏

2.2　草图编辑器

在建模的过程中，首先要绘制零件的轮廓线，即草图。CATIA V5 中提供了草图工作台，用于进行二维草图的绘制，本节介绍草图工作台的用法及基本功能。

2.2.1　草图编辑器的进入与退出

单击 按钮，并点击某一工作平面，即可进入草图编辑器，如图 2-14 所示。在草图编辑器中单击 按钮，即可退出草图编辑器。

图 2-14　草图编辑器

2.2.2　草图编辑器的命令简介

1. 轮廓

"轮廓"工具栏由轮廓线、矩形、圆、样条线、椭圆、直线、轴以及点组成，如图 2-15 所示。

图 2-15　"轮廓"工具栏

1) 轮廓线

(1) 单击轮廓线按钮 ，出现随着草图状态变化而变化的工具栏，如图 2-16 所示。

图 2-16 "草图工具"工具栏——轮廓线 1

(2) 在工具栏的空格内可以填入起始点的坐标值，也可以直接在草图平面内点选。当输入起始点坐标后，工具栏会发生变化，如图 2-17 所示，此时可在工具栏中输入第二个点的坐标。

图 2-17 "草图工具"工具栏——轮廓线 2

(3) 按住鼠标左键，移动鼠标，系统将自动生成一个与当前直线相切的圆弧，如图 2-18 所示。这时在工具栏选择 ⌒ 按钮，可确保生成一个与直线相切的圆弧。

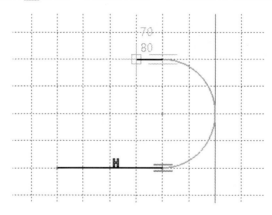

图 2-18 轮廓线的绘制 1

(4) 在工具栏上单击 ⌒ 按钮，进入三点画圆状态，即按照圆弧的起点、通过点、终点的顺序建立圆弧，如图 2-19 所示。

图 2-19 轮廓线的绘制 2

2) 矩形

单击矩形按钮□，可以用鼠标点取矩形的两对角点创建矩形，也可在草图工具中输入顶点坐标进行创建，如图 2-20 所示。

图 2-20 "草图工具"工具栏——矩形

点击□按钮右下角的倒三角，即可展开子工具栏，如图 2-21 所示，可以创建斜置矩形、平行四边形等轮廓线。

图 2-21 "预定义的轮廓"工具栏

3) 圆

点击⊙按钮右下角的倒三角，即可展开子工具栏，如图 2-22 所示，此工具栏提供了不同的建立圆或圆弧的方式。

⊙：利用圆心、半径画圆。

○：利用圆心、起点、终点画圆弧。

○：利用起点、终点、中点三点画圆弧。

○：利用起点、中点、终点三点画圆弧。

○：与选定的三个元素相切生成圆。

○：利用坐标系画圆。

○：三点画圆。

图 2-22 "圆"工具栏

下面以利用圆心、半径方式画圆为例进行具体说明：

(1) 单击⊙按钮，可以在草图平面上选取一点，定义为圆心，也可在工具栏输入坐标值，如图 2-23 所示。

图 2-23 "草图工具"工具栏——圆

(2) 在工具栏中的"R"空格内输入圆的半径，也可用鼠标点取确定圆上一点的方式建立圆。

(3) 双击已生成的圆，出现如图 2-24 所示的"圆定义"对话框，可以通过更改圆心位置及圆的半径，对圆进行编辑。

图 2-24　"圆定义"对话框

4) 样条线

(1) 样条线。单击 按钮，在草图平面点取几个点，即可生成一条通过所有点的样条线，双击鼠标完成，如图 2-25 所示。点击样条线的控制点则可以修改样条线的形状，双击控制点，会出现如图 2-26 所示的"控制点定义"对话框，可对控制点进行编辑；双击样条线，会出现如图 2-27 所示的"样条线定义"对话框，可对样条线控制点及连续性等进行编辑。

图 2-25　样条线的绘制

图 2-26　"控制点定义"对话框　　　　　图 2-27　"样条线定义"对话框

(2) 连接。点击 ∿ 按钮右下角的倒三角，再单击 ↶ 按钮，点击草图平面上的两条线，即可建立连接曲线，如图 2-28 所示。双击生成的连接曲线，会出现如图 2-29 所示的"连接曲线定义"对话框，即可对连接曲线的相应参数进行修改。

图 2-28　连接曲线的绘制　　　　图 2-29　"连接曲线定义"对话框

5) 椭圆

可以通过定义椭圆中心、长轴(或短半轴)半径终点及位于椭圆上的一点来创建椭圆。

(1) 单击 ○ 按钮，在草图平面点取一点，定义椭圆中心，依次取点定义椭圆的一个顶点及通过椭圆的任意点，生成椭圆，如图 2-30 所示。用户也可以在工具栏中输入各选项的坐标创建椭圆，如图 2-31 所示。

图 2-30　椭圆的绘制

图 2-31　"草图工具"工具栏——椭圆

(2) 双击已生成的椭圆，出现如图 2-32 所示的"椭圆定义"对话框，可以对椭圆的参数进行编辑。

点击 ○ 按钮右下角的倒三角调出子工具栏，如图 2-33 所示，可以创建抛物线、双曲线以及二次曲线。

图 2-32　"椭圆定义"对话框　　　　图 2-33　"二次曲线"工具栏

6) 直线

(1) 单击 ╱ 按钮，在草图平面上点取两个点，即可在这两点间创建一条直线，也可在工具栏中输入坐标创建直线，如图 2-34 所示。

图 2-34　"草图工具"工具栏——直线

(2) 双击生成的直线，出现如图 2-35 所示的"直线定义"对话框，可对直线的参数进行修改。

点击 ╱ 按钮右下角的倒三角，可调出子工具栏，出现如图 2-36 所示的"直线"工具栏，不仅可以创建直线，也可以创建无限长线、双切线、角平分线以及曲线的法线。

图 2-35　"直线定义"对话框　　　　图 2-36　"直线"工具栏

7) 轴线

单击 ┆ 按钮即可在草图上创建轴线，其创建方法与直线相同。

8) 点

点击 • 按钮右下角的倒三角，可调出子工具栏，出现如图 2-37 所示的"点"工具栏，可以创建任意点、坐标点、等距点、相交点以及投影点。

图 2-37　"点"工具栏

图 2-38　"操作"工具栏

2. 操作

此功能组可以对轮廓线进行圆角、倒角、修剪变化等操作，工具栏如图 2-38 所示。

1) 圆角

单击 ⌒ 按钮，会出现如图 2-39 所示的"草图工具"工具栏，共有 6 种不同的倒圆角类型。

图 2-39　"草图工具"工具栏——圆角

(1) ⌒ 修剪所有元素：修剪两条直线。

(2) ⌒ 修剪第一元素：修剪一条直线。

(3) ⌒ 不修剪：不进行修剪。

(4) ⌒ 标准线修剪：修剪两条直线并将结构线转化为实线。

(5) ⌒ 构造线修剪：修剪两条直线并保留修剪后的结构线。

(6) ⌒ 构造线未修剪：保留构造线。

2) 倒角

(1) 单击 ⌒ 按钮，出现如图 2-39 所示的"草图工具"工具栏。

(2) 选择倒角元素后可在工具栏中选择倒角方式。

3) 修剪

点击 ✕ 按钮右下角的倒三角，可展开修剪子工具栏，出现如图 2-40 所示的"重新限定"工具栏，可执行修剪、断开和快速修剪等命令。

4) 变换

点击 �dᵢ 按钮右下角的倒三角可调出子工具栏，出现如图 2-41 所示的"变换"工具栏，可进行镜像、对称、平移、旋转、缩放及偏移命令。

图 2-40　"重新限定"工具栏

图 2-41　"变换"工具栏

图 2-42　"3D 几何图形"工具栏

5) 几何图形

此命令通过三维图形，在草图上创建轮廓。点击 🔲 按钮下的三角符号，展开子工具栏，出现如图 2-42 所示的"3D 几何图形"工具栏，包括投影 3D 元素、与 3D 元素相交及投影 3D 轮廓边线 3 种功能按钮。

(1) 投影 3D 元素：将空间几何体的边界投影到草图平面，生成曲线。

（2）与 3D 元素相交：可以获取草图平面与空间几何元素的交线。

（3）投影 3D 轮廓边线：可以通过选择几何体，将空间的轮廓线投影至草图平面。

3. 约束

此功能组可以对草图进行标注及定义约束关系等操作。

（1）对话框中定义的约束：点取元素，单击 按钮，出现如图 2-43 所示的"约束定义"对话框，可在对话框中对元素的距离、长度和角度等进行约束。

（2）约束：点取元素，单击 按钮，即可对元素进行约束，约束后的图形如图 2-44 所示。

图 2-43   "约束定义"对话框

图 2-44   圆直径的约束

2.3   创 建 线 框

2.3.1   点

单击按钮点 ，出现如图 2-45 所示的"点定义"对话框，点击坐标按钮 坐标 ▾
右下角的倒三角符号，在"点类型"中出现 7 种创建点的方式，下面一一进行介绍。

图 2-45   "点定义"对话框

1) 坐标

在"点类型"中选取"坐标",在对话框中分别输入 X、Y、Z 的值即可建立点。

2) 曲线上

(1) 在"点类型"中选取"曲线上",出现如图 2-46 所示的对话框。

(2) 单击"曲线"空白栏,并在图形区点取曲线。

(3) 在"与参考点的距离"中选取"曲线上的距离",并在"长度"栏中输入相应的值,即可建立点,如图 2-47 所示。也可选取"沿着方向的距离"或"曲线长度比率"进行创建,若单击"中点"按钮,则会在曲线的中点处创建一个点。

(4) 单击"参考"下的"点"空白栏,可在图形区点取参考点。单击 "反转方向"按钮,则会选择曲线上另一端点。

图 2-46　点的创建——"曲线上"方式　　图 2-47　点的创建——"曲线上的距离"方式

3) 平面上

(1) 在"点类型"中选取"平面上"。

(2) 单击"平面"空白栏,并点击鼠标右键,出现如图 2-48 所示的对话框,选择平面,也可以直接在图形区点取平面。

图 2-48　点的创建——"平面上"方式

(3) 在 H、V 栏中输入相应值即可创建点。

(4) 在参考"点"空白栏中可对参考点进行修改。

4) 曲面上

(1) 在"点类型"上选取"曲面上"。

(2) 单击"曲面"空白栏，并在图形区点取曲面。

(3) 单击"方向"空白栏，并右击选取方向。

(4) 在"距离"栏中输入值，即可创建曲面上的点，如图 2-49 所示。

图 2-49　点的创建——"曲面上"方式

(5) 在参考"点"空白栏中可以对参考点进行修改。

5) 圆/球面/椭圆中心

(1) 在"点类型"中选取"圆/球面/椭圆中心"。

(2) 单击"圆/球面/椭圆中心"空白栏，并在图形区选取球面，即可创建球面的中心，如图 2-50 所示。

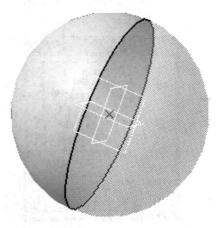

图 2-50　点的创建——"球心"方式

6) 曲线上的切线

(1) 在"点类型"中选取"曲线上的切线"。

(2) 单击"曲线"空白栏，并点取图形区曲线。

(3) 单击"方向"空白栏，并右击，选取参考方向，点击"确定"按钮，即可创建曲线上的点，如图 2-51 所示。

图 2-51　点的创建——"曲线上的切线"方式

7) 之间

(1) 在"点类型"中选取"之间"。

(2) 单击"点 1"空白栏，并在图形区选取点，以同样的方法选取"点 2"。

(3) 在"比率"栏中输入相应的比率，如图 2-52 所示。

(4) 单击"支持面"空白栏，并右击，选择相应的支持面，也可在图形区点取，即可建立点。

点击 ˙ 按钮右下角的倒三角符号，可调出"点"子工具栏，如图 2-53 所示，可选取点面复制、端点及端点坐标命令进行操作。在此，不对其进行一一介绍。

图 2-52　点的创建——"之间"方式

图 2-53　点工具栏

2.3.2　直线

单击 ╱ 按钮，点击 点-点 ▾ 按钮右下角的倒三角符号，出现如图 2-54 所示的"直线定义"对话框，在"线型"中出现 6 种创建直线的方式，下面进行一一介绍。

图 2-54　"直线定义"对话框

1) 点-点

(1) 在"线型"中选取"点-点"。

(2) 单击"点 1"空白栏，并在图形区选取点，也可单击鼠标右键进行点的创建。以同样的方法选取"点 2"。

(3) 在"起点"或"终点"栏输入相应的值，可对直线进行延伸，其值也可为负数。创建的直线如图 2-55 所示。

图 2-55　直线的创建——"点-点"方式

2) 点-方向

(1) 在"线型"中选取"点-方向"。

(2) 单击"点"空白栏，并单击鼠标右键选取直线延伸的方向。

(3) 在"起点"和"终点"栏中输入相应的值，即可建立直线，如图 2-56 所示。

图 2-56　直线的创建——"点-方向"方式

3) 曲线的角度/法线

(1) 在"线型"中选取"曲线的角度/法线"。

(2) 单击"曲线"空白栏，并点取曲线。

(3) 单击"点"空白栏，并在图形区选取点，也可以单击鼠标右键进行点的创建。

(4) 在"角度""起点"和"终点"栏输入相应的值，即可创建曲线，如图 2-57 所示。

(5) 单击"曲线的法线"按钮，则默认角度值为 90°，可创建曲线的法线。

图 2-57　直线的创建——"曲线的角度/法线"方式

4) 曲线的切线

(1) 在"线型"中选取"曲线的切线"。

(2) 单击"曲线"空白栏，点取图形区曲线。

(3) 单击"元素 2"空白栏，并在图形区选取点，也可单击鼠标右键创建点。

(4) 在"类型"中选取"单切线"，输入"起点"和"终点"的值，即可创建曲线的切线，如图 2-58 所示。

图 2-58　直线的创建——"曲线的切线"方式

5) 曲面的法线

(1) 在"线型"中选取"曲面的法线"。

(2) 单击"曲面"空白栏，在图形区选取曲面。

(3) 单击"点"空白栏，并在图形区选取点，也可单击鼠标右键创建点；然后输入"起点"和"终点"的值，即可创建曲面的法线，如图 2-59 所示。

图 2-59　直线的创建——"曲面的法线"方式

6) 角平分线

(1) 在"线型"中选取"角平分线"。

(2) 单击"直线 1"空白栏，并在图形区选取直线，以同样的方法选取"直线 2"，输入"起点"和"终点"的值，即可创建角平分线，如图 2-60 所示。

图 2-60　直线的创建——"角平分线"方式

2.3.3　轴线

通过此功能可以创建圆、椭圆、长圆形、旋转曲面或球面的中轴线，具体操作如下。

(1) 点击 ╱ 按钮右下角的倒三角符号，可展开子工具栏，单击 ┆ 按钮。

(2) 单击"元素"空白栏，并选取"圆柱面.2"，即可创建轴线，如图 2-61 所示。

图 2-61　轴线的创建

2.3.4 平面

平面功能可以产生不同于 XY、YZ、XZ 3 个基准面的平面，可以是绘制图形或实体的参考平面或基准平面。

单击 ⬦ 按钮，出现如图 2-62 所示的"平面定义"对话框，点击 偏移平面 ⌄ 按钮右下角的倒三角符号，在"平面类型"中出现 11 种平面的创建方式，下面一一进行介绍。

图 2-62   "平面定义"对话框

1) 偏移平面

可通过平行于参考平面建立新平面，该参考平面可以是 XY、YZ、XZ 平面，也可以是任意平面或实体上的平面。

(1) 在"平面类型"中选取"偏移平面"。

(2) 单击"参考"空白栏，并单击鼠标右键选取平面，也可在图形区选取平面。

(3) 设置"偏移"量，即可创建偏移平面，如图 2-63 所示。

图 2-63   平面的创建——"偏移平面"方式

2) 平行通过点

可通过平行于参考平面且通过一点建立平面。

(1) 在"平面类型"中选取"平行通过点"。

(2) 单击"参考"空白栏，并单击鼠标右键选取参考面。

(3) 单击"点"空白栏，在图形区选取点，即可创建平面，如图 2-64 所示。

图 2-64　平面的创建——"平行通过点"方式

3) 与平面成一定角度或垂直

可以建立与参考面垂直或成一定角度的平面。

(1) 在"平面类型"中选取"与平面成一定角度或垂直"。

(2) 单击"旋转轴"空白栏，并单击鼠标右键选取旋转轴，也可在图形区选取轴线或直线作为旋转轴。

(3) 单击"参考"空白栏，并在图形区选取平面。

(4) 输入"角度"值，即可创建平面，如图 2-65 所示。

图 2-65　平面的创建——"与平面成一定角度或垂直"方式

4) 通过三个点

可通过不在同一直线上的 3 个点创建平面。

(1) 在"平面类型"中选取"通过三个点"。

(2) 依次选取 3 个点，即可创建平面。

5) 通过两条直线

(1) 在"平面类型"中选取"通过两条直线"。

(2) 分别在图形区选取"直线 1"和"直线 2"，即可创建平面，如图 2-66 所示。

图 2-66　平面的创建——"通过两条直线"方式

6) 通过点和直线

可通过一点与一直线创建平面。

(1) 在"平面类型"中选取"通过点和直线"。

(2) 单击"点"空白栏，并在图形区选取点。

(3) 单击"直线"空白栏，并在图形区选取直线，即可创建平面，如图 2-67 所示。

图 2-67　平面的创建——"通过点和直线"方式

7) 通过平面曲线

可以通过曲线创建平面。

(1) 在"平面类型"中选取"通过平面曲线"。

(2) 单击"曲线"空白栏，并在图形区选取曲线，即可创建平面，如图 2-68 所示。

图 2-68　平面的创建——"通过平面曲线"方式

8) 曲线的法线

通过曲线上的一点及该点在曲线上的法线创建平面。

(1) 在"平面类型"中选择"曲线的法线"。

(2) 单击"曲线"空白栏，并在图形区选取曲线。

(3) 单击"点"空白栏，在图形区选取点，即可创建平面，如图 2-69 所示。

图 2-69　平面的创建——"曲线的法线"方式

9) 曲面的切线

可建立与曲面相切，且通过曲面上一点的平面。

(1) 在"平面类型"中选取"曲面的切线"。

(2) 单击"曲面"空白栏，在图形区选取曲面。

(3) 单击"点"空白栏，并点取平面上的点，即可创建平面，如图 2-70 所示。

图 2-70　平面的创建——"曲面的切线"方式

10) 方程式

可通过输入平面方程式 Ax+By+Cz=D 的系数 A、B、C、D 建立平面。

(1) 在"平面类型"中选择"方程式"，出现图 2-71 所示的对话框。

(2) 在对话框中分别输入 A、B、C、D 的值建立平面。

图 2-71　平面定义——"方程式"方式

11) 平均通过点

可以通过许多点的平均值建立平面。

(1) 打开百度网盘下载资料"CATIA 工程设计基础\第二章实例\0points.CATPart"。

(2) 在"平面类型"中选取"平均通过点"，在图形区依次选取点，即可创建平面，如图 2-72 所示。

图 2-72　平面的创建——"平均通过点"方式

2.3.5　投影

投影命令通过将元素向支撑元素投影产生新的点或曲线，投影可以沿法线或沿某一方向进行。

(1) 打开百度网盘下载资料"CATIA 工程设计基础\第二章实例\1projective.CATPart"。

(2) 单击 ⟁ 按钮，点击"法线"按钮 法线　　　　　　　　　 右下角的倒三角符号，出现图 2-73 所示的"投影定义"对话框，可见有法线和沿某一方向两种投影类型。

① 法线：法线方向，即光线由元素正上方发出，生成投影元素。

② 沿某一方向：可选择当前的直线、平面、轴线等作为投影的方向，也可在方向空白栏单击鼠标右键进行直线或平面的创建，亦可选择 X、Y、Z 部件。

(3) "投影类型"选取"法线"，选取投影元素草图.1，单击 ⚙ 按钮，可一次选择多个元素。

(4) 选取"支持面"球面.1。

(5) 单击"确定"按钮即可创建成功，如图 2-74 所示。

图 2-73　"投影定义"对话框

图 2-74　曲线在球面上的投影

若生成的投影元素有多个解时，可以勾选"近接解法"或取消该复选框勾选。

2.3.6 混合

混合命令由两条曲线沿法线方向或某一方向拉伸，形成的曲面相交生成组合曲线。

(1) 打开百度网盘下载资料"CATIA 工程设计基础\第二章实例\2blend.CATPart"。

(2) 单击 按钮，点击 法线 按钮右下方的倒三角符号，出现图 2-75 所示的"混合定义"对话框，可见有法线和沿方向两种混合类型。

① 法线：拉伸沿曲线所在平面的法线方向。

② 沿方向：可单独指定曲线的拉伸方向。

图 2-75 "混合定义"对话框

(3) "混合类型"选取"法线"，"曲线 1"选取"草图.4"，"曲线 2"选取"草图.3"，单击"预览"按钮，如图 2-76 所示。

(4) 单击"确定"按钮，创建完成。

图 2-76 两条曲线的混合操作

2.3.7 反射线

反射线命令将光线由特定的方向射向一曲面，通过设定入射角度与反射角度之间的夹角在参考面上提取反射线。

(1) 单击 按钮，弹出如图 2-77 所示的"反射线定义"对话框。

(2) 选取"支持面"。

(3) 用鼠标右键单击"方向"复选框，选取方向，亦可直接在图形区选取。

(4) 调整"角度"，单击"确定"按钮，弹出如图 2-78 所示的"多重结果管理"对话框，若勾选"使用近接/远离，仅保留一个子元素"，则会弹出图 2-79 所示的"近接定义"对话框，选取参考元素，勾选"近接"或"远"，点击"确定"按钮，即可创建；若勾选"使用提取，仅保留一个子元素"，则会弹出图 2-80 所示的"提取定义"对话框，点取图形区所要提取元素，点击"确定"按钮，完成创建；若勾选"保留所有子元素"，则所有元素会保存下来。

图 2-77   "反射线定义"对话框

图 2-78   "多重结果管理"对话框

图 2-79   "近接定义"对话框

图 2-80   "提取定义"对话框

2.3.8 相交

相交命令由两个元素相交产生新的点或线。

(1) 打开百度网盘下载资料"CATIA 工程设计基础\第二章实例\3intersect.CATPart"。

(2) 单击 按钮，弹出如图 2-81 所示的"相交定义"对话框。

(3) "第一元素"选取"拉伸.1"，或单击 按钮选取一组元素。

(4) "第二元素"选取"填充.1"，或单击 按钮选取另一组元素。

(5) 单击"预览"按钮，创建元素，单击"确定"按钮，完成创建。创建的元素如图

2-82 所示。

图 2-81 "相交定义"对话框

图 2-82 两个面相交创建相交线

2.3.9 平行曲线

平行曲线命令可在支持面上创建与参考线平行的曲线，具体操作步骤如下：

(1) 打开百度网盘下载资料"CATIA 工程设计基础\第二章实例\4parallelcurve.CATPart"。

(2) 点击 按钮，出现图 2-83 所示的"平行曲线定义"对话框。

图 2-83 "平行曲线定义"对话框

(3) "曲线"选取"草图.1"，"支持面"选取"拉伸.1"。

(4) 输入"常量"值，即平移量，也可以通过点击"法则曲线"按钮用公式定义平移量，或选取支持面上的一点进行平移。

(5) 在"参数"中设定"平行模式"。

① 直线距离：欧几里得几何曲线，两个平行线之间的距离是最短的曲线，而不考虑支持面。在这个模式下，可以输入常量值，使两个曲线的距离是常数距离，也可点击"法则曲线"按钮，用公式定义平移距离。

② 测地距离：两个平行线之间的距离是最短的曲线，考虑支持面，此时偏移距离是常数。

(6) 在"参数"中设定"平行圆角类型"。

① 尖的：尖锐角，平行曲线使用参考曲线的尖角特征。

② 圆的：平行曲线在拐角上圆弧过渡，此时，偏移距离是常数，不必单独指定角落类型。

(7) 可在"光顺"中选择"无""相切""曲率"曲线平滑处理类型。

(8) 单击"反转方向"，则平行曲线在另一侧生成，也可通过点击图形区箭头进行设定。若勾选"双侧"，则会在曲线两侧同时生成平行曲线。

(9) 单击"预览"按钮生成曲线，单击"确定"按钮完成创建，如图 2-84 所示。

图 2-84　平行曲线在曲面上的创建

2.3.10　偏移 3D 曲线

偏移 3D 曲线命令用于偏移复制直线、弧或曲线，具体操作如下。

(1) 单击 ⚖ 按钮，选取"曲线"。

(2) 在图形区选取"拔模方向"，也可右击鼠标创建拔模方向。

(3) 输入"偏移"量。

(4) 在 3D 圆角参数中调整"半径"和"张度"，单击"确定"按钮即可完成创建，创建的图形如图 2-85 所示。

图 2-85　3D 曲线偏移的创建

2.3.11 圆

圆命令可以创建圆或圆弧，此图标与草图工作台的圆图标有所不同。

(1) 单击 ○ 按钮，出现如图 2-86 所示的"圆定义"对话框。

图 2-86 "圆定义"对话框

(2) 在"圆类型"中单击 中心和半径 下接列表，出现多种创建圆的方式：

① 中心和半径：通过选取圆中心点和支持面，输入圆半径创建圆。

② 中心和点：通过选取圆中心点、圆上点及支持面，创建圆。

③ 两点和半径：通过选取圆上的两个点及支持面，输入圆半径创建圆。

④ 三点：通过选取圆上的 3 个点创建圆。

⑤ 中心和轴线：通过选取轴线和点，输入圆半径创建圆。

⑥ 双切线和半径：通过选取两个元素，调整圆半径，建立与两个元素均相切的圆。

⑦ 双切线和点：通过选取一元素、一曲线及一点，建立以该点为圆心，且与元素和曲线均相切的圆。

⑧ 三切线：通过选取 3 个元素，建立与 3 个元素均相切的圆。

⑨ 中心和切线：通过选取圆中心及一曲线，输入半径，建立与该曲线相切的圆。

(3) 在"圆限制"中设定生成圆或圆弧的角度，选择圆时可以设定"开始"和"结束"的角度。

(4) 单击"预览"按钮生成图形，单击"确定"按钮完成创建。

2.3.12 圆角

通过圆角命令可以在两个曲线或者一个曲线和一个点之间进行倒圆角操作。

(1) 单击 ⌒ 按钮，出现如图 2-87 所示的"圆角定义"对话框。

图 2-87　"圆角定义"对话框

(2) 在"圆角类型"，点击 支持面上的圆角 下拉列表，出现两种创建圆角的方式：

① 支持面上的圆角：这种方式生成的是 2D 倒圆曲线，通过选取两个元素及支持面，调整半径值，创建圆角。

② 3D 圆角：这种方式生成的是 3D 倒圆曲线，通过选取两个元素，调整半径值，创建圆。也可勾选"顶点上的圆角"，且选择点作为唯一参考元素，调整半径值，创建圆。

(3) 单击"预览"按钮生成图形，单击"确定"按钮完成创建。

2.3.13　连接曲线

连接曲线命令可以在两个曲线中创建连接曲线。

(1) 打开百度网盘下载资料"CATIA 工程设计基础\第二章实例\5connection.CATPart"。

(2) 单击 按钮，出现如图 2-88 所示的"连接曲线定义"对话框。

图 2-88　"连接曲线定义"对话框

(3) 在"连接类型"中点击 法线 下拉列表，出现两种创建连接类型的方式：

① 法线：选取第一曲线上的一个点和第二曲线上的一个点，即可创建连接曲线，如图 2-89 所示。

② 基曲线：以基准曲线作为生成连接曲线的参考方向，生成曲线。

(4) 在"连续"中可以调整连续方式为点连续、相切连续或曲率连续，在"张度"中可以调整张度。单击"反转方向"按钮，可更改曲线在端点处的方向。

(5) 单击"预览"按钮生成图形，单击"确定"按钮完成创建。

图 2-89　连接曲线的创建

2.3.14　二次曲线

二次曲线包括圆弧、抛物线、双曲线与椭圆，可使用的约束条件包括起点、终点。二次曲线命令通过点与切线方向等条件建立圆锥曲线。

(1) 单击 ⌐ 按钮，出现如图 2-90 所示对话框。

图 2-90　"二次曲线定义"对话框

(2) 选取"支持面"，设定"约束限制"，可以通过以下数个条件的组合进行求解圆锥曲线：

① 起点和终点：在两点上的切线方向和一个参数值。

② 起点和终点：在两点上的切线方向和一个曲线会通过的点。

③ 起点和终点：两切线的相交点和一个参数值。

④ 起点和终点：两切线的相交点和一个曲线会通过的点。

⑤ 通过曲线的 4 个点和一个切线方向。

⑥ 通过曲线的 5 个点。

(3) 在"点"文本框中可以选择"开始"起点、"结束"终点，在对应的切线对话框中设定起点和终点的相切线。

① 切线相交点：设定起点和终点的切线方向的交点，反求圆锥曲线。

② 中间约束：中间限制条件区，有两种方式，一是通过"参数"设定圆锥曲线类型；二是通过曲线上经过的点生成曲线，且必须按曲线经过点的先后顺序进行选择。

(4) 单击"预览"按钮生成图形，单击"确定"按钮完成创建。图 2-91 为选择起始点、切线相交点和"参数"设定圆锥曲线类型生成的椭圆线。

图 2-91　二次曲线的创建

2.4　创 建 曲 面

2.4.1　拉伸

拉伸命令可以在指定方向拉伸轮廓线形成曲面。

(1) 打开百度网盘下载资料："CATIA 工程设计基础\第二章实例\6stretch.CATPart"。

(2) 单击 按钮，出现如图 2-92 所示的"拉伸曲面定义"对话框。

图 2-92　"拉伸曲面定义"对话框

(3) "轮廓"选取"草图.1"。

(4) 单击"方向"空白栏，在图形区选取"草图.2"作为拉伸方向。

(5) 在"拉伸限制"内，选取"限制1"下的"直到元素"，选取"草图.2\顶点.1"，如图 2-93 所示。

(6) 单击"预览"按钮生成图形，单击"确定"按钮完成创建。

图 2-93　拉伸曲面的创建

2.4.2　旋转

旋转命令可以通过旋转一个平面轮廓线形成曲面。

(1) 打开百度网盘下载资料"CATIA 工程设计基础\第二章实例\7revolve.CATPart"。

(2) 单击 按钮。

(3) "轮廓"选定"草图.10"。

(4) 选取"旋转轴"，可以将选取图形中的一直线作为旋转轴，也可以单击鼠标右键来选取。

(5) 在"角限制"中调整"角度1"和"角度2"的值。

(6) 单击"确定"按钮完成创建，如图 2-94 所示。

图 2-94   旋转曲面的创建

2.4.3 球面

球面命令可以生成球形表面。

(1) 单击 按钮，选取"球面轴线"，在默认情况下，球面轴线为 XYZ 坐标轴。

(2) 在"球面半径"中输入半径值。

(3) 在"球面限制"中调整经纬线起始和终止角度创建球面，也可单击 按钮创建完整球面。

(4) 单击"预览"按钮生成图形，单击"确定"按钮完成创建，如图 2-95 所示。

图 2-95   球面的创建

2.4.4 圆柱面

圆柱面命令用于生成圆柱面。

(1) 单击 🛢 按钮。

(2) 选取"点"。

(3) 选取"方向",单击鼠标右键进行选取,也可以选取图形中的直线或平面。

(4) 在"参数"中,调整"半径""长度 1""长度 2"中的数值。

(5) 单击"确定"按钮完成创建,如图 2-96 所示。

图 2-96 圆柱面的创建

2.4.5 偏移

偏移命令通过对已经存在的曲面设置偏移量来生成新的曲面。

(1) 打开百度网盘下载资料"CATIA 工程设计基础\第二章实例\8offset.CATPart"。

(2) 单击 🐒 按钮,弹出如图 2-97 所示的"偏移曲面定义"对话框。

图 2-97 "偏移曲面定义"对话框

(3) 点击图形区所要偏移的曲面，"曲面"选取"拉伸.2"。

(4) 输入"偏移"量。

(5) 单击"预览"按钮，在视图上出现一个箭头，标明所要偏移的方向，可以单击鼠标移动箭头，改变偏移距离。若单击"反转方向"，或在图形区中单击箭头方向可改变偏移方向；若勾选"双侧"，则在曲面两侧建立偏移平面；若勾选"确定后重复对象"，则可以重复偏移命令。

(6) 在"参数"中，可以选择"光顺"进行调整。在"要移除的子元素"菜单下可以设定保留的子平面，这个选项对合并复杂曲面偏移时很有用。

(7) 单击"确定"按钮，完成创建，如图 2-98 所示。

图 2-98　偏移曲面的创建

2.4.6　扫掠

扫掠是指沿着一条或多条引导线移动一条轮廓线形成曲面。

1. 显示扫掠

(1) 使用参考曲面：扫描沿着位于参考面上的引导线生成曲面，生成的曲面与参考面夹角保持不变。

打开百度网盘下载资料"CATIA 工程设计基础\第二章实例\9scan1.CATPart"，如图 2-99 所示。

单击按钮，出现图 2-100 所示的"扫掠曲面定义"对话框，单击按钮，将"轮廓类型"选为显示，在"子类型"选择"使用参考平面"，在"轮廓"中选取"草图.1\边线"作为轮廓线，在"引导曲线"中选取"螺旋.1"作为引导线。单击"预览"按钮生成图形，单击"确定"按钮完成创建，如图 2-101 所示。

图 2-99 螺旋线实例 　　　　　图 2-100 "扫掠曲面定义"对话框

图 2-101 扫掠曲面的创建——"使用参考曲面"方式

在"曲面"中填入参考曲面用来控制轮廓线的位置，且引导曲线必须位于这个曲面上，这样才有效，默认参考面为脊线的平均曲线，选择"角度"扫描曲面与参考面的夹角，也可单击"法则曲线"，用公式的方式设定该角度。

在"可选元素"中，"脊线"是定义扫描外形方向用的曲线，一般以引导线为预定设置，生成的扫描曲线轮廓线一定要垂直脊线，可以用"边界 1"和"边界 2"定义脊线的长度。

在"光顺扫掠"中，勾选"角度修正"设定参考曲面角度校正值，勾选"与引导线偏差"设定与引导曲线偏差。

(2) 使用两条引导曲线：通过轮廓线和两条引导线生成扫描曲面。

打开百度网盘下载资料"CATIA 工程设计基础\第二章实例\10scan2.CATPart"。单击 按钮，单击 按钮，即"轮廓类型"选为显示。"子类型"选择"使用两条引导曲线"，"轮廓"选择"草图.1"，"引导曲线 1"选择"草图.3"，"引导曲线 2"选择"直线 1"，"脊线"选择"Z 轴"(注：轮廓需与脊线垂直)，单击"预览"按钮生成图形，单击"确定"按钮完成创建，如图 2-102 所示。

图 2-102　扫掠曲面的创建——"使用两条引导曲线"方式

在"定位类型"中有"两个点"和"点和方向"两种定位类型。

① 两个点：对开放轮廓可以不指定，默认轮廓线的极值端点，对闭合曲线一定要指

定的。

② 点和方向：在轮廓线上选择定位点填入，指定一个定位方向。

(3) 使用拔模方向：相当于在参考面中参考曲线的法线方向做拉伸方向。

打开百度网盘下载资料"CATIA 工程设计基础\第二章实例\11scan3.CATPart"。单击 按钮，单击 按钮，即"轮廓类型"选为显示。"子类型"选择"使用拔模方向"，"轮廓"选择"草图.1"，"引导曲线"选择"草图.2"，"方向"选择"Z 部件"，"角度"输入"30 deg"。单击"预览"按钮生成图形，单击"确定"按钮完成创建，如图 2-103 所示。

图 2-103　扫掠曲面的创建——"使用拔模方向"方式

2. 直线扫掠

单击 按钮，单击 按钮，在"子类型"下拉栏中有 7 种创建形式。

(1) 两极限：使用两条曲线作为曲面的起始曲线与结束曲线，曲面的前后延伸可以通过"脊线"中的"边界 1"和"边界 2"控制，左右延伸可以在"长度 1"和"长度 2"中进行调整。

(2) 极限和中间：使用两条曲线作为曲面的起始曲线和中间曲线。

(3) 使用参考曲面：使用一条曲线作为引导曲线，用一个面作为参考曲面(引导曲线必须在参考曲面内)，在"角度"中调整扫描曲面与参考曲面的夹角，左右延伸可以在"长度 1"和"长度 2"中进行调整。

(4) 使用参考曲线：使用一条曲线作为扫描曲面的引导曲线，用一条曲线作为参考曲线，新建的曲面将以引导曲线为起点，沿引导曲线的两侧延伸，并与参考曲线成一夹角；左右延伸可以在"长度 1"和"长度 2"中进行调整。

(5) 使用切面：使用一条曲线作为扫描曲面的导引曲线，用一曲面作为切面，新建的扫描曲面将以导引曲线为边线延伸，并与该曲面相切。

(6) 使用拔模方向：由一个引导曲线和拔模方向产生扫描曲线。

(7) 使用双切面：使用一条脊线和两个要相切的面建立面。

3. 圆扫掠

圆扫掠是利用几何元素建立圆弧，再将圆弧作为引导曲线扫描出曲面。

单击 按钮，单击 按钮，在"子类型"下拉栏中有 7 种创建形式。

(1) 3 条引导线：利用 3 条引导线扫描出圆弧曲面。曲线可视为许多连续点的集合，在 3 点集合上，各取一点，使用 3 点作圆方式建立一个圆弧，再将这些圆弧累积起来，就是一个圆弧曲面。

(2) 两个点和半径：在几何上，只要有两点和一半径即可形成一圆弧，将点延伸为曲线，就是两个点和半径方式的概念。使用此方式会有 4 个完整的圆弧面满足条件，用户需要选择适当的解。

(3) 中心和两个角度：在几何上，只要有圆心与圆上一点，即可确定一圆，将点延伸为曲线，即为中心和两个角度的概念。

(4) 圆心和半径：在几何上，只要有圆心点与半径，即可确定一圆，将点延伸为曲线，即为圆心和半径的概念。

(5) 两条引导线和切面：利用两个限制曲线来引导圆弧延伸方向，圆弧必须在第一个曲线处与曲面相切，利用此条件可以决定圆弧半径。使用此方式可能会有多个圆弧面满足条件，用户可自行选择适当解。

(6) 一条引导线和切面：使用方式与两条引导线和切面方式相同，利用一条引导曲线来导引圆弧的延伸方向，但是需要将指定相切线决定圆半径的方式改成直接输入半径。使用此方式会有多个圆弧面满足条件，用户需要选择适当的解。

(7) 限制曲线和切面：使用方式与一条引导线和切面相同。

4. 二次曲线

利用约束条件建立平面的圆锥曲线后，沿着指定方向延伸，生成曲面。

单击 按钮，单击 按钮，在"子类型"下拉栏中有 4 种创建形式。

(1) 两条引导曲线：需要两条位于切线曲面上的引导线，指定相切角度与圆锥曲线参数，即可完成圆锥曲面。

(2) 3 条引导曲线：需要两条位于切线曲面上的引导曲线，指定相切角度和拾取切曲面，所创建圆锥曲面要经过第 3 条引导曲线。

(3) 4 条引导曲线：需要一条位于切曲面上的引导曲线，以及 3 条位于圆锥曲面的引导曲线，指定相切的角度，即可完成圆锥曲面。

(4) 5 条引导曲线：需要 5 条位于圆锥曲面的引导曲线，即可完成圆锥曲面。

2.4.7　适应性扫掠

适应性扫掠通过选择不同的截面、给定不同的约束条件来完成曲面的创建。

(1) 打开百度网盘下载资料"CATIA 工程设计基础\第二章实例\12scan4.CATPart"。

(2) 单击 按钮，弹出如图 2-104 所示的对话框。

图 2-104　"适应性扫掠定义"对话框

(3) 在"引导曲线"中选择"草图.3"，则"脊线"默认为"草图.3"，在"草图"中选取"草图.2"。

(4) 单击"预览"按钮生成图形，单击"确定"按钮完成创建，如图 2-105 所示。

图 2-105　适应性扫掠的创建

2.4.8 填充

填充通过填充一组曲线或曲面边线组成的封闭区域来生成曲面。

(1) 打开百度网盘下载资料"CATIA 工程设计基础\第二章实例\13fill.CATPart"。

(2) 单击 按钮，弹出如图 2-106 所示的"填充曲面定义"对话框。

图 2-106　"填充曲面定义"对话框

(3) 拾取封闭曲线。若同时拾取曲线所在的平面，则填充生成的面与选择的支持面之间保持连续，在"连续"中可以选择连续类型有点、切线或曲率连续。

(4) 单击"预览"按钮生成图形，单击"确定"按钮完成创建。如图 2-107 所示。

图 2-107　填充曲面的创建

2.4.9　多截面曲面

多截面曲面通过多个轮廓曲线扫掠来生成曲面，生成曲面中的每个截面由定义的轮廓曲线决定。

(1) 打开百度网盘下载资料"CATIA 工程设计基础\第二章实例\14multi-section. CATPart"。

(2) 单击 按钮，弹出图 2-108 所示的"多截面曲面定义"对话框。

图 2-108　"多截面曲面定义"对话框

(3) 拾取截面，拾取引导线，截面必须与引导线相交。

(4) 单击"预览"按钮生成图形，单击"确定"按钮完成创建，如图 2-109 所示。

图 2-109　多截面曲面的创建

2.4.10 桥接曲面

桥接曲面可将空间上相邻但不相交的曲面连接，生成质量较高的连接曲面。

(1) 打开百度网盘下载资料"CATIA 工程设计基础\第二章实例\15bridging.CATPart"。

(2) 单击 按钮，弹出如图 2-110 所示的"桥接曲面定义"对话框。

图 2-110   "桥接曲面定义"对话框

(3) "第一曲线"选取"分割.12\边线.70"，"第一支持面"选取"分割.12"，"第二曲线"选取"多截面曲面.1\边线.71"，"第二支持面"选取"多截面曲面.1"。在"第一曲率连续"中可选连续类型为点连续、相切连续和曲率连续。

(4) 单击"预览"按钮生成图形，单击"确定"按钮完成创建，如图 2-111 所示。

图 2-111   桥接曲面的创建

2.5 操 作

2.5.1 接合

接合是将各个单独的曲面或曲线合并成一个元素(曲面或曲线的集合体)。

(1) 打开百度网盘下载资料"CATIA 工程设计基础\第二章实例\16joint.CATPart"。

(2) 单击 ⊞ 按钮,弹出如图 2-112 所示的"接合定义"对话框。

图 2-112 "接合定义"对话框

(3) 选取要接合的元素。若单击"添加模式",可将图形区中某一元素添加到列表中;若单击"移除模式",在图形区中拾取某一元素,则原本在列表中的相应元素将会被移出列表。

(4) 在"参数"中,若勾选"检查相切",则所要接合的元素必须相切,否则将会报错;若勾选"检查连接性",则所要接合的元素必须在"合并距离"值允许的范围内,否则将会报错;若勾选"检查多样性",则检查连接是否生成多个结果;若勾选"简化结果",则使程序在可能的情况下,减少元素;若勾选"忽略错误元素",则使程序忽略那些不允许连接的元素。

(5) 单击"预览"按钮生成图形,单击"确定"按钮完成创建,如图 2-113 所示。

图 2-113   两曲面的接合

2.5.2   修复

修复是对曲面之间的间隙进行缝补，以缩小曲面之间的间隙。

(1) 打开百度网盘下载资料"CATIA 工程设计基础\第二章实例\17repair.CATPart"。

(2) 单击 ■ 按钮，弹出如图 2-114 所示的"修复定义"对话框。

图 2-114   "修复定义"对话框

(3) 选取要修复的元素。在"合并距离"中可以调整修复的距离上限，超出设置的间隙的距离将不被修复；在"距离目标"中可以调整修复元素之间的最大距离。

(4) 单击"预览"按钮生成图形，单击"确定"按钮完成创建，如图 2-115 所示。

图 2-115　曲面的修复

2.5.3　曲线光顺

曲线光顺是减少曲线的不连续点(C0 点、C1 相切、C2 曲率连续性)，使光顺后的曲线不存在拐点和奇异点，曲率变化均匀，更加流畅。

(1) 打开百度网盘下载资料"CATIA 工程设计基础\第二章实例\18smooth.CATPart"。

(2) 单击 ⑤ 按钮，弹出如图 2-116 所示的"曲线光顺定义"对话框。

图 2-116　"曲线光顺定义"对话框

(3) 在"要光顺的曲线"中选取要光顺的曲线，在"连续"中勾选"阈值"，点击"预览"，如图 2-117 所示。

图 2-117 曲线光顺——"阈值"方式

红框表示按照指定的参数，系统找不到任何解决方案来修复不连续。

黄框表示已改进某些不连续，例如，在点不连续的位置已改进为相切不连续。

绿框表示不再存在不连续，已将它进行光顺。

(4) 在"连续"中勾选"曲率"，单击"预览"按钮，如果均变成绿框，单击"确定"按钮完成创建，如图 2-118 所示。

图 2-118 曲线光顺——"曲率"连续

2.5.4 拆解

拆解是与接合操作相对立的，是一个将一个统一的整体或者已接合的整体变为若干部分的过程。

(1) 打开百度网盘下载资料"CATIA 工程设计基础\第二章实例\19dismantling. CATPart"。

(2) 单击▓按钮，出现如图 2-119 所示对话框。

图 2-119　"拆解"对话框

(3) 点击图形，在对话框可以选择拆解模式。

所有元素：拆解成最小的曲面。

仅限域：若曲面边线相连/曲线端点相连，拆解后仍然视为一个曲面/曲线。

(4) 单击"仅限域"，点取所要分解的元素，单击"确定"按钮，完成分解，如图 2-120 所示。

图 2-120　曲面的拆解

2.5.5　分割

分割是利用一个元素作为切除元素对曲线/曲面进行裁剪。

(1) 打开百度网盘下载资料"CATIA 工程设计基础\第二章实例\20break.CATPart"。

(2) 单击 按钮，弹出如图 2-121 所示的"定义分割"对话框。

图 2-121　"定义分割"对话框

(3) 点取"填充.1"作为"要切除的元素"，当单击 按钮时可以选取多个元素作为"要切除的元素"。点取"填充.2"作为"切除元素"。单击"预览"按钮，要保留的元素以高亮区显示，若保留下的元素不是想要保留的元素，可以单击"另一侧"切换要保留的元素。

(4) 单击"确定"按钮完成创建，如图 2-122 所示。

图 2-122　两曲面分割

2.5.6　修剪

修剪是使用两个同类元素(曲面-曲面或者曲线-曲线)进行相互裁剪，并接合成一个元素。

(1) 打开百度网盘下载资料"CATIA 工程设计基础\第二章实例\21shave.CATPart"。

(2) 单击 按钮，弹出如图 2-123 所示的"修剪定义"对话框。

图 2-123　"修剪定义"对话框

(3) 点取"填充.1"和"填充.2"作为"修剪元素"，要保留的元素将以高亮区显示，可以单击"另一侧/下一元素"和"另一侧/上一元素"选择所要保留的区域。

(4) 单击"确定"按钮完成创建，如图 2-124 所示。

图 2-124　曲面修剪

2.5.7　边界

边界命令可以将曲面的边界单独提取出来，作为一个元素。

(1) 打开百度网盘下载资料"CATIA 工程设计基础\第二章实例\22border.CATPart"。

(2) 单击 ⌒ 按钮，弹出如图 2-125 所示的"边界定义"对话框。

图 2-125   "边界定义"对话框

(3) 在"拓展类型"下拉栏中有 4 种拓展类型。

① 完整边界：提取曲面的全部边线；

② 点连续：提取与所选边线点连续的边线；

③ 切线连续：提取与所选边线切线连续的边线；

④ 无拓展：只提取选中的边线。

(4) 选取恰当的拓展类型后，再点击所需的边界，单击"确定"即可创建边线。

(5) 若首先点取曲面，则出现如图 2-126 所示的对话框，要以完整边界的形式显示边线，可在曲面上点取"限制 1"和"限制 2"的内容，图形区出现箭头，点击箭头可以调整边界范围。

图 2-126   曲面边界的创建

(6) 单击"预览"按钮生成图形，单击"确定"按钮完成创建，如图 2-127 所示。

图 2-127   曲面边界的创建——限制的应用

2.5.8 提取/多重提取

1. 提取

提取命令可以从一些元素(曲线、点、实体等)提取几何形状作为元素。

(1) 打开百度网盘下载资料"CATIA 工程设计基础\第二章实例\23collect1.CATPart"。

(2) 单击 按钮，出现如图 2-128 所示的对话框，在"拓展类型"中有点连续、相切连续、曲率连续和无拓展 4 种类型。选择无拓展类型，点取所要提取元素，元素将以高亮区显示。

图 2-128　"提取定义"对话框

(3) 单击"预览"按钮生成图形，单击"确定"按钮完成创建，如图 2-129 所示。

图 2-129　曲面的提取

2. 多重提取

多重提取命令可以从一些元素(曲线、点、实体等)提取多个几何形状作为元素，特别是当生成元素是由几个不连接的子元素组成时，这个功能非常方便。

(1) 打开百度网盘下载资料"CATIA 工程设计基础\第二章实例\24collect2.CATPart"。

(2) 单击 按钮，出现如图 2-130 所示的"多重提取定义"对话框，可在图形区中选取多个元素。

(3) 单击"预览"按钮生成图形，单击"确定"按钮完成创建，如图 2-131 所示。

图 2-130 "多重提取定义"对话框

图 2-131 曲面的多重提取

2.5.9 圆角

1. 简单圆角

简单圆角命令是对两个曲面进行的倒圆角。

(1) 打开百度网盘下载资料"CATIA 工程设计基础\第二章实例\25corner1.CATPart"。

(2) 单击 按钮，弹出如图 2-132 所示的"圆角定义"对话框。

(3) 在"圆角类型"中选取"双切线圆角"，在"支持面 1"选择"拉伸.1"，在"支持面 2"选择"拉伸.3"，再勾选"半径"，输入半径值为 10 mm，最后单击"预览"按钮生成图形，点击"确定"按钮完成创建，如图 2-133 所示。

图 2-132　"圆角定义"对话框　　　　图 2-133　两曲面之间创建圆角

(4) 在"圆角类型"中选取"双切线圆角"，在"支持面 1"中选择"拉伸.1"，在"支持面 2"中选择"拉伸.2"，在"要移除的支持面"中选择"拉伸.3"，此时图形区出现箭头，要正确选取箭头方向，如图 2-134 所示。单击"预览"按钮生成图形，单击"确定"按钮完成创建，如图 2-135 所示。

图 2-134　双切斜圆角的创建方向　　　　图 2-135　圆角的创建——双切线圆角

2. 倒圆角

倒圆角命令是对一个曲面进行的倒圆角。

(1) 打开百度网盘下载资料"CATIA 工程设计基础\第二章实例\26corner2.CATPart"。

(2) 单击 按钮，弹出图 2-136 所示的"倒圆角定义"对话框。

图 2-136 "倒圆角定义"对话框

(3) "支持面"选取"修剪.2"，支持面必须是一个曲面，"要圆角化的对象"选取"修剪.2\目标相交边线.1"，调整"半径"。

(4) 单击"预览"按钮生成图形，单击"确定"按钮完成创建，如图 2-137 所示。

图 2-137 曲面倒圆角的创建

3. 可变圆角

可变圆角命令是在某个曲面的边线创建不同半径的圆角。

(1) 打开百度网盘下载资料"CATIA 工程设计基础\第二章实例\27corner3.CATPart"。

(2) 单击 按钮，弹出如图 2-138 所示的"可变半径圆角定义"对话框。

图 2-138 "可变半径圆角定义"对话框

(3) 选取"要圆角化的边线"，调整"半径"值，此时要圆角化的边线两端如图 2-139 所示。

(4) 鼠标右键单击"点"右侧的输入栏，拾取"创建点"，弹出如图 2-140 所示的"点定义"对话框，单击"中点"，点击"确定"按钮。若要调整"半径"值，可通过双击点的半径，在弹出框中修改半径值，如图 2-141 所示。

图 2-139　可变半径圆角的创建　　　　　　　　图 2-140　"点定义"对话框

(5) 单击"预览"按钮生成图形，单击"确定"按钮完成创建，如图 2-142 所示。

图 2-141　可变半径圆角的半径参数设置　　　　图 2-142　创建后的可变半径圆角

4. 弦圆角

弦圆角命令是在某个曲面的边线创建不同弦长的圆角。弦圆角图标为 按钮，其创建方式与可变圆角相同。

5. 样式圆角

样式圆角命令是综合多种形式的圆角命令(两个曲面)。

6. 面与面的圆角

面与面的圆角命令是在相交/不相交的两个曲面间创建圆角。

7. 三切线内圆角

三切线内圆角命令是创建与 3 个定制面相切的圆角，它与简单圆角中的三切线圆角类似，不同在于本命令只有一个曲面。

(1) 打开百度网盘下载资料"CATIA 工程设计基础\第二章实例\28corner4.CATPart"。

(2) 单击 按钮，弹出如图 2-143 所示的"定义三切线内圆角"对话框。

图 2-143　"定义三切线内圆角"对话框

(3) 在"要圆角化的面"选取"面.1"和"面.2"，在"要移除的面"选取"面.3"，定义的三切线内圆角如图 2-144 所示。

(4) 单击"预览"按钮生成图形，单击"确定"按钮完成创建，如图 2-145 所示。

图 2-144　三切线内圆角的选择　　　　图 2-145　创建后的三切线内圆角效果

2.5.10　平移

平移命令是将一个或多个对象平移并复制。

(1) 打开百度网盘下载资料"CATIA 工程设计基础\第二章实例\29translation.CATPart"。

(2) 单击 按钮，弹出图 2-146 所示的"平移定义"对话框。

图 2-146　"平移定义"对话框

(3) 在"向量定义"中选择"方向、距离",选取"元素",单击"方向"空白栏,单击鼠标右键选择平移方向"Z 部件",也可以在图形区选取直线或平面(以平面的法线作为平移方向),调整"距离"。若单击"隐藏/显示初始元素"按钮,则被平移的元素被隐藏。单击"预览"按钮生成图形,单击"确定"按钮完成创建,如图 2-147 所示。

图 2-147 元素的平移——方向、距离

(4) 在"向量定义"中选择"点到点","元素"选取"三切线内圆角.1","起点"选取"原点","终点"选取"点 1"。单击"预览"按钮生成图形,单击"确定"按钮完成创建,如图 2-148 所示。

图 2-148 元素的平移——点到点

(5) 在"向量定义"中选择"坐标","元素"选取"三切线内圆角.1",输入 X、Y、Z 坐标,单击"预览"按钮生成图形,单击"确定"按钮完成创建,如图 2-149 所示。

图 2-149　元素的平移——坐标

2.5.11　旋转

1. 轴线-角度

轴线-角度命令是通过定义旋转的中心轴线和旋转角度来旋转元素。

(1) 打开百度网盘下载资料"CATIA 工程设计基础\第二章实例\30gyrate.CATPart"。

(2) 单击 按钮，弹出如图 2-150 所示的"旋转定义"对话框。

图 2-150　"旋转定义"对话框

(3) 选取"元素""轴线"，并调整"角度"值，单击"预览"按钮生成图形，单击"确定"按钮完成创建，如图 2-151 所示。

图 2-151　元素的旋转

　　(4) 选取"元素""轴线",并调整"角度"值,若勾选"确定后重复对象",单击"确定",则会弹出如图 2-152 所示的"复制对象"对话框。输入"实例"数,单击"确定"按钮完成创建,如图 2-153 所示。

图 2-152　"复制对象"对话框

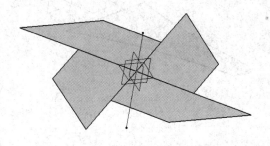

图 2-153　元素的旋转效果图

2. 轴线-两个元素

两个元素的法线角度差值即为旋转的角度。

3. 三点

3 个参考点可构成一个平面,第一点为旋转起始位置,第二点为通过该点的平面法线(旋转轴),第三点为旋转终了位置。

2.5.12　对称

对称命令是将一个或多个元素以参考面为镜面对称,复制出元素。

(1) 打开百度网盘下载资料"CATIA 工程设计基础\第二章实例\31symmetry.CATPart"。

(2) 单击 按钮,弹出如图 2-154 所示的"对称定义"对话框。

图 2-154　"对称定义"对话框

(3) 选取"元素"及"参考"面。

(4) 单击"预览"按钮生成图形，单击"确定"按钮完成创建，如图 2-155 所示。

图 2-155　元素的对称

2.5.13　缩放

缩放命令是将一个或多个元素按照参考位置(平面)缩放一定的比率。

(1) 打开百度网盘下载资料"CATIA 工程设计基础\第二章实例\32zoom.CATPart"。

(2) 单击 按钮，弹出如图 2-156 所示的"缩放定义"对话框。

(3) 选取"元素"，输入"比率"。单击"隐藏/显示初始元素"，可隐藏元素，便于观察缩放效果。原图形如图 2-157 所示，若选取"参考"为平面，单击"预览"按钮，生成图形如图 2-158 所示；若选取"参考"为点，单击"预览"按钮，生成图形如图 2-159所示。

(4) 单击"确定"按钮完成创建。

图 2-156 "缩放定义"对话框

图 2-157 缩放前的球面

图 2-158 球面的缩放——参考平面

图 2-159 球面的缩放——参考点

2.5.14 仿射

通过仿射变换生成新的元素，本命令比缩放功能更具有一般性，可以在 3 个坐标方向设置不同比例。

(1) 打开百度网盘下载资料"CATIA 工程设计基础\第二章实例\33affine.CATPart"。

(2) 单击 按钮，弹出图 2-160 对话框。

图 2-160   "仿射定义"对话框

(3) 选取"元素"，再输入 X、Y、Z 比率值。并勾选"隐藏/显示初始元素"。

(4) 单击"预览"按钮生成图形，单击"确定"按钮完成创建，如图 2-161 所示。

图 2-161   曲面的仿射

2.5.15   定位变换

定位变换命令可以将元素从一个坐标系变换到另一个坐标系，同时会复制元素。

(1) 打开百度网盘下载资料"CATIA 工程设计基础\第二章实例\34position.CATPart"。

(2) 单击 按钮，弹出如图 2-162 所示的"'定位变换'定义"对话框。

图 2-162 "'定位变换'定义"对话框

(3) 定位变换前的元素如图 2-163 所示，"元素"选取"综合.1"，并选"参考"为"轴系.1"，选"目标"为"轴系.2"。

图 2-163 定位变换前的元素

(4) 单击"预览"按钮生成图形，单击"确定"按钮完成创建，如图 2-164 所示。

图 2-164 元素的定位变换效果

2.5.16 外插延伸

外插延伸命令可以将曲线/曲面沿着指定的参照元素延伸。

(1) 打开百度网盘下载资料"CATIA 工程设计基础\第二章实例\35extend.CATPart"。

(2) 单击 按钮，弹出如图 2-165 所示的"外插延伸定义"对话框。

图 2-165　"外插延伸定义"对话框

(3) 选取"边界"为"平行.1\顶点.1"点，"外插延伸的"为"平行.1"(直线)，单击"预览"按钮，如图 2-166 所示。

图 2-166　曲面的外插延伸——曲率连续

（4）若选取"支持面"，则外插延伸超过曲面的部分将会被删除，单击"预览"按钮，如图 2-167 所示，单击"确定"按钮完成创建。

图 2-167　曲面的外插延伸——切线连续

2.5.17　反转方向

反转命令可改变曲面/曲线的方向。

打开百度网盘下载资料"CATIA 工程设计基础\第二章实例\36evert.CATPart"，单击 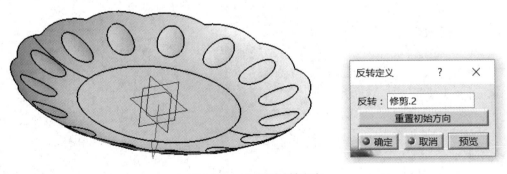 按钮，点取图形，曲线的法线方向发生改变(若是曲线，则其切线方向发生改变)，如图 2-168 所示。

图 2-168　元素的反转方向

2.5.18　近接

近接命令的使用必须建立在元素存在多个子元素(如接合处理后)的基础之上，才可显示出元素中非连通的子元素。

打开百度网盘下载资料"CATIA 工程设计基础\第二章实例\37approach.CATPart"，单击按钮，弹出如图 2-169 所示的"近接定义"对话框。"多重元素"选取"接合.7"，"参考元素"选取"点.2"，单击"预览"按钮生成图形，单击"确定"按钮完成创建，如图 2-170 所示。

图 2-169　　"近接定义"对话框

图 2-170　　元素的近接

第三章 创成式外形设计实例

3.1 六通管实例

单击"开始"→"形状"→"创成式外形设计",新建零件,将其命名为"liutongguan"。

(1) 创建点。单击·按钮,在"点类型"中选择"坐标",输入 Z 轴坐标 80 mm,如图 3-1 所示。

图 3-1 点的创建

(2) 创建圆柱面。单击 按钮,在"点"中选取"点.1","方向"选择"Z 部件",在"参数"中,输入"半径"为 25 mm、"长度 1"为 50 mm、"长度 2"为 0 mm,单击"预览"按钮,再单击"确定"按钮,如图 3-2 所示。

图 3-2 圆柱面的创建

(3) 旋转圆柱面。

① 单击按钮,在"定义模式"中选择"轴线-角度","元素"选择"圆柱面.1","轴线"选择"X 轴","角度"选择"90deg",单击"预览",再单击"确定"按钮,如图 3-3 所示。

图 3-3   圆柱面的旋转 1

② 再次单击按钮,在"定义模式"中选择"轴线-角度","元素"选择"圆柱面.1","轴线"选择"Y 轴","角度"选择"90deg",单击"预览"按钮,再单击"确定"按钮,如图 3-4 所示。

图 3-4   圆柱面的旋转 2

(4) 分割圆柱面。

① 单击按钮,再单击按钮,在"要切除的元素"中选取"圆柱面.1"和"旋转.1",单击"关闭"按钮,如图 3-5 所示。弹出"定义分割"对话框后,在"要切除的元素"中选取"yz 平面",单击"预览"按钮,再单击"确定"按钮,如图 3-6 所示。

图 3-5　要切除元素的拾取 1

图 3-6　圆柱面的分割

　　② 单击 按钮，再单击 按钮，在"要切除的元素"中选取"分割.2"和"旋转.2"，单击"关闭"按钮，如图 3-7 所示。弹出"定义分割"对话框后，在"要切除的元素"中选取"xy 平面"，单击"预览"按钮，再单击"确定"按钮，如图 3-8 所示。

图 3-7　要切除元素的拾取 2

图 3-8　圆柱面的分割 2

③ 单击 按钮，再单击 按钮，在"要切除的元素"中选取"分割.1"和"分割.4"，单击"关闭"按钮，如图 3-9 所示。弹出"定义分割"对话框后，在"要切除的元素"中选取"zx 平面"，单击"预览"按钮，再单击"确定"按钮，如图 3-10 所示。

图 3-9　要切除元素的拾取 3

图 3-10　圆柱面的分割 3

（5）创建连接曲线。

① 单击 按钮，在"连接类型"中选取"法线"，分别选取"第一曲线"和"第二曲线"的点和曲线，"连续"中均选择"相切"，"张度"值均输入 1.5。单击"预览"按钮，再单击"确定"按钮，如图 3-11 所示。

图 3-11　连接曲线的创建 1

② 以同样的方式建立另外两条连接曲线，生成图形如图 3-12 所示。

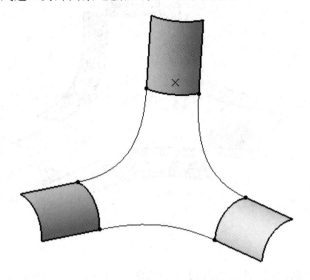

图 3-12　连接曲线的创建 2

(6) 拉伸连接曲线。

① 创建拉伸曲面作为辅助面。单击 按钮，在"轮廓"中选取"连接.1"，"方向"选取"X 部件"，"限制 1"中"尺寸"输入 20mm，"限制 2""尺寸"中输入 0，单击"预览"按钮，再单击"确定"按钮，如图 3-13 所示。

图 3-13　拉伸曲面的创建 1

② 以同样的方式创建另外两个拉伸曲面，如图 3-14 所示。

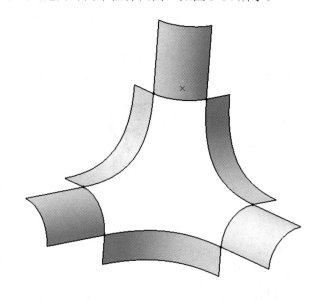

图 3-14　拉伸曲面的创建 2

(7) 填充。

① 单击 按钮，依次选取边线以及边线所在的支持面，如图 3-15 所示。

图 3-15　填充曲面的创建

② 单击"预览"按钮生成图形，单击"确定"按钮完成创建，如图 3-16 所示。

图 3-16　填充曲面的效果

(8) 隐藏不必要的元素。按住 Ctrl 键，点取"点.1""拉伸.1""拉伸.2""拉伸.3"，此时 3 个曲面以高亮显示，单击 ⊠ 按钮，隐藏曲面，效果图如图 3-17 所示。也可以点取曲面，单击鼠标右键，图形区如图 3-18 所示。单击"隐藏/显示"，亦可隐藏图形。

图 3-17　不必要元素隐藏后的效果　　　　　图 3-18　不必要元素的隐藏

　　(9) 接合曲面。单击 ⊞ 按钮，选取图形区曲面，单击"预览"按钮生成"接合.1"，再单击"确定"按钮，效果图如图 3-19 所示。

图 3-19　曲面的接合

　　(10) 旋转曲面。单击 🌀 按钮，在"定义模式"中选取"轴线-角度"，"元素"中选取"接合.1"，"轴线"选取"Z 轴"，"角度"输入"90deg"，并勾选"确定后重复对象"，单击"确定"按钮，弹出如图 3-20 所示的"复制对象"对话框，在"实例"输入 2，单击"确定"按钮，效果图如图 3-21 所示。

图 3-20 旋转对象的复制　　　　　　　图 3-21 曲面旋转的效果

(11) 对称曲面。单击 按钮，在"元素"中框选所有图形，或单击 按钮，选中"接合.1""旋转.3""旋转.4"和"旋转.5"共 4 个元素，"参考"中选择"xy 平面"，单击"预览"按钮，单击"确定"按钮，效果图如图 3-22 所示。

图 3-22 曲面的对称

(12) 接合曲面。单击 按钮，选取图形区曲面，单击"预览"按钮生成接合.2，再单击"确定"按钮，接合的曲面如图 3-23 所示。

图 3-23 曲面的接合

(13) 零件设计模块。单击"开始"→"机械设计"→"零件设计"，切换到零件设计模块，如图 3-24 所示。

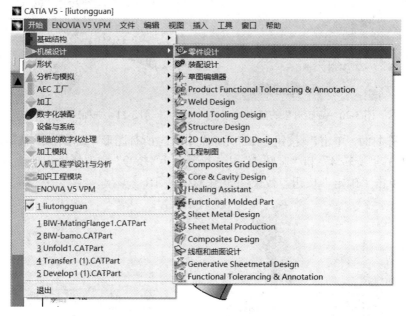

图 3-24 "零件设计模块"的进入

(14) 创建厚曲面。单击 按钮，在"要偏移的对象"选取"接合.2"，在"第一偏移"中输入 3 mm，"第二偏移"中输入 0 mm，单击"预览"按钮，效果图如图 3-25 所示。

图 3-25 厚曲面的创建

(15) 同步骤(8)，隐藏"接合.2"。

(16) 单击 按钮，如图 3-26 所示，此时六通管创建完成。

图 3-26 六通管效果图

3.2 导风管实例

单击"开始"→"形状"→"创成式外形设计",新建零件,将其命名为"daofengguan"。

(1) 进入草图。单击 按钮,点取 ZX 平面,进入草图。

(2) 创建居中矩形。单击 按钮,将鼠标置于原点,单击,拖动鼠标至一点,单击,即可建立矩形,如图 3-27 所示。

图 3-27 居中矩形的创建

(3) 约束矩形长宽。单击 按钮,再分别点取矩形的上下边,然后双击出现的数字,弹出如图 3-28 所示的"约束定义"对话框,在"值"中输入 30 mm,单击"确定"按钮,此时约束上下边的距离为 30 mm。以同样的方法约束左右边的距离为 50 mm,如图 3-29 所示。

图 3-28 "约束定义"对话框

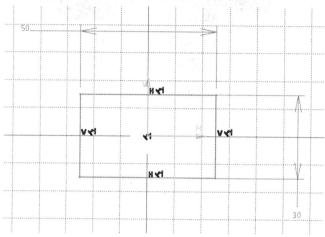

图 3-29 矩形长宽的约束

(4) 倒圆角。框选图形，单击 按钮，弹出如图 3-30 所示的"草图工具"工具栏，在"半径"中输入 5 mm，单击 Enter 键，圆角创建成功，如图 3-31 所示。单击 按钮，退出草图工作模式。

草图工具

半径：0mm

图 3-30 "草图工具"工具栏——倒圆角

图 3-31 矩形的倒圆角

(5) 进入草图。点取 XY 平面，单击 按钮，进入草图。

(6) 绘制轮廓线。单击 按钮，依次创建直线、相切弧、切线，再次单击 按钮，退出轮廓线绘制，如图 3-32 所示。

图 3-32　轮廓线的绘制

(7) 创建约束。双击 按钮，分别约束直线的长度、相切弧的半径、切线长度以及直线和切线的夹角，单击 按钮，退出约束。分别双击草图区数据，约束直线长度为 40 mm，相切弧的半径为 120 mm，切线的长度为 50 mm，直线和切线的夹角为 120°，如图 3-33 所示。单击 按钮，退出草图工作模式。

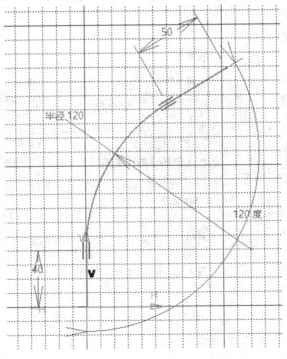

图 3-33　轮廓线的约束

(8) 创建平面。单击 ◢ 按钮，在"平面类型"中选择"曲线的法线"，"曲线"中选择"草图.2"，"点"中选择"草图.2\顶点"，单击"预览"按钮，再单击"确定"按钮，如图 3-34 所示。

图 3-34   轮廓线上法平面的创建

(9) 创建圆。单击 ○ 按钮，在"圆类型"中选择"中心和半径"，"中心"选择"草图.2\顶点"，"支持面"选择"平面.1"，"半径"中输入 50 mm，单击 ⊙ 按钮，将"圆限制"选为全圆。单击"预览"按钮，再单击"确定"按钮，如图 3-35 所示。

图 3-35   法平面上创建圆

(10) 拉伸曲面。

① 单击 ◢ 按钮，在"轮廓"中选择"草图.1"，"限制 1"中"尺寸"输入 40 mm，"限制 2"中"尺寸"输入 0 mm，单击"预览"按钮，再单击"确定"按钮，如图 3-36 所示。

图 3-36　拉伸曲面的创建——矩形轮廓

② 单击 按钮，在"轮廓"中选择"圆.1"，"方向"中选择"草图.2\边线.1"，"限制1"中"尺寸"输入 50 mm，"限制 2"中"尺寸"输入 0 mm，单击"反转方向"按钮，单击"预览"按钮，再单击"确定"按钮，如图 3-37 所示。

图 3-37　拉伸曲面的创建——圆轮廓

(11) 提取边界。单击 按钮，在"拓展类型"中选择"点连续"，"曲面边线"中选择"拉伸.1\边线.1"，单击"预览"按钮，再单击"确定"按钮，如图 3-38 所示。

图 3-38　拉伸曲面的边界提取

(12) 创建闭合点。

① 单击 ╱ 按钮，在"线型"中选择"曲线的角度/法线"，"曲线"选择"草图.2"，"点"选择"草图.2\顶点.3"，"角度"选择"90deg"，终点输入 60 mm，单击"预览"按钮，再单击"确定"按钮，如图 3-39 所示。单击 🔧 按钮，在"第一元素"中选择"边界.1"，"第二元素"中选择"直线.1"，单击"预览"按钮，再单击"确定"按钮，如图 3-40 所示。

图 3-39　闭合点的创建 1

图 3-40　两直线的相交

② 以同样的方法在"圆.1"上创建闭合点，如图 3-41 所示。

图 3-41　闭合点的创建 2

(13) 创建多截面曲面。单击 按钮，依次点取"边界.1""拉伸.1""相交.1"和"圆.1""拉伸.2""相交.2"，单击"预览"按钮，再单击"确定"按钮，如图 3-42 所示。

图 3-42　多截面曲面的创建

(14) 接合曲面。单击 按钮，选取图形区曲面，单击"预览"按钮生成"接合.1"，单击"确定"按钮，如图 3-43 所示。

图 3-43　曲面的接合

(15) 隐藏不必要元素。框选图形区所有元素，单击 按钮，在树状图中找到"接合.1"，单击鼠标右键，在弹出的对话框中选择"隐藏/显示"，效果图如图 3-44 所示。

图 3-44　不必要元素的隐藏

(16) 切换到零件设计模块。单击"开始"→"机械设计"→"零件设计"，切换到零件设计模块，如图 3-45 所示。

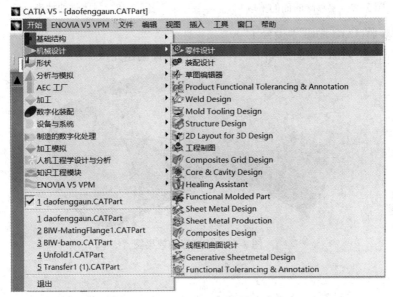

图 3-45　零件设计模块的进入

(17) 创建封闭曲面。单击 按钮，在"要封闭的对象"中选取"接合.1"，单击"确定"按钮，如图 3-46 所示。

图 3-46　封闭曲面的创建

(18) 抽取盒体。单击 按钮，在"默认内侧厚度"中输入 2.5 mm，单击 按钮，选取"封闭曲面.1\面.1"和"封闭曲面.1\面.2"，如图 3-47 所示，单击"关闭"按钮，单击"确定"按钮，效果图如图 3-48 所示。

图 3-47　要移除的面的拾取

图 3-48　封闭体的抽壳

(19) 同步骤(15)，隐藏"接合.1"。

(20) 单击 按钮，如图 3-49 所示。此时导风管创建完成。

图 3-49　导风管的效果图

第四章 自由曲面设计模块

4.1 自由曲面设计模块功能介绍

用户可在菜单栏依次选择"开始"→"形状"→"FreeStyle"命令,进入"FreeStyle(自由曲面设计)模块",如图 4-1 所示。

与"创成式外形设计"模块相比,自由曲面设计模块可以创建出更为复杂的曲面。在该模块中,用户可以快速而高效地创建曲线/曲面。此外,使用该模块提供的曲线/曲面分析工具,用户可以实时检查曲线/曲面的质量,确保所创建曲线/曲面的质量。

图 4-1 "FreeStyle 模块"的进入

自由曲面设计模块主要包括:

(1) Curve Creation(创建曲线),主要用于创建曲线,创建方法有空间曲线、曲面上的曲线、等参数曲线、投影曲线、桥接曲线、样式圆角以及匹配曲线等,其工具栏如图 4-2 所示。

(2) Surface Creation(创建曲面),主要用于创建曲面,且所创建的曲面不可以进行参数的编辑,创建方法有缀面、拉伸曲面、外插延伸、桥接曲面、样式圆角、填充、自由曲面填充、网状曲面和样式扫掠,工具栏如图 4-3 所示。

图 4-2 "Curve Creation"(曲线创建)工具栏   图 4-3 "Surface Creation"(曲面创建)工具栏

(3) Operation(操作)，主要用于对曲面进行中断曲线或曲面，取消修剪、连接、分割和拆解等操作，工具栏如图 4-4 所示。

(4) Shape Modification(形状修改)，主要用于修改曲面的形状，修改方法有对称、控制点、匹配曲面、外形拟合、全局变形和扩展等，工具栏如图 4-5 所示。

图 4-4　"Operation"(操作)工具栏　　　　　图 4-5　"Shape Modification"(形状修改)工具栏

(5) Shape Analysis(形状分析)，用于分析和评估曲面的质量，找出曲面的缺陷位置，以便曲面的修改和编辑，工具栏如图 4-6 所示。

图 4-6　"Shape Analysis"(形状分析)工具栏

4.2　创 建 曲 线

4.2.1　3D 曲线

使用"3D 曲线"命令 ，可以通过空间内一系列的点创建出空间曲线。下面通过实例来说明创建 3D 曲线的过程。

(1) 打开百度网盘下载资料"CATIA 工程设计基础\第四章实例\1throughpoints.CATPart"，如图 4-7 所示。

(2) 选择命令 ，系统弹出图 4-8 所示的"3D 曲线"对话框。

图 4-7　空间点　　　　　　　　　图 4-8　"3D 曲线"对话框

(3) 定义类型。在"创建类型"下拉列表中选择"通过点"。

"创建类型"可用于设置创建 3D 曲线的类型，包括 3 个选项：通过点、控制点和近接点，如图 4-9 所示。

图 4-9　3D 曲线创建类型

通过点：创建出的 3D 曲线通过每个选定点。

控制点：所选择的点为 3D 曲线的控制点，可通过调整控制点的位置改变 3D 曲线的形状。

近接点：通过改变点与曲线之间的偏差和阶次来创建 3D 曲线。

"点处理"可用于编辑 3D 曲线，包括 3 个按钮："插入点""删除点"以及"释放或约束点"。

![按钮]按钮：可在 3D 曲线上现有的两点之间添加新的点。

![按钮]按钮：可移除 3D 曲线上现有的点。

![按钮]按钮：可给现有的点添加约束或释放约束。

"禁用几何图形检测"：当选中此框时，用户所创建的 3D 曲线将被限定在当前优先平面上(不论拾取的通过点是否在该优先平面上)。

"选项"：设置使用"近接点"类型时所创建 3D 曲线的参数，包括"偏差""分割""最大阶次"和"隐藏预可视化曲线"。其中，"隐藏预可视化曲线"复选框被选中时，可以隐藏正在创建曲线的预可视化。

"光顺"：用于调整所创建 3D 曲线的光顺性，包括"弧长度""统一"和"光顺参数"。注：此命令仅在"创建类型"为"近接点"时可用。

(4) 选取参考点。依次在图形区选取点 1、点 2、点 3、点 4。

(5) 点击"确定"按钮，完成 3D 曲线的创建，如图 4-10 所示。

图 4-10　3D 曲线的创建——"通过点"方式

(6) 如果要改变上述已创建 3D 曲线的形状，可双击该 3D 曲线，点击"3D 曲线"弹出框中的"释放或约束点"按钮，再拾取 3D 曲线上的某一点(如点 3)，即可看到该点处出现交叉的两个双向箭头，如图 4-11 所示，拖动双向箭头即可调整该曲线的局部位置。若需精确定位该点，可在该点单击鼠标右键，弹出如图 4-12 所示的快捷菜单，再点击"编辑"，在弹出的"调谐器"对话框中(见图 4-13)输入坐标值即可。此外，还可在快捷菜单(见图 4-12)

中选择"强加切线""强加曲率""移除此点"和"约束此点"来改变 3D 曲线的形状。如选择"强加切线"后，在对应点上出现如图 4-14 所示的切线矢量箭头和两个圆弧，通过拖动两个圆弧上的高亮处即可改变切线的方向，进而改变 3D 曲线的形状。

图 4-11　3D 曲线上释放约束点　　　　图 4-12　右键快捷菜单

图 4-13　"调谐器"对话框　　　　图 4-14　3D 曲线的调整——强加切线

4.2.2　曲面上创建曲线

使用"曲面上创建曲线"命令，可在现有的曲面上创建空间曲线。下面通过实例说明在曲面上创建空间曲线的操作过程。

(1) 打开百度网盘下载资料"CATIA 工程设计基础\第四章实例\2Isoparametric_curve. CATPart"，如图 4-15 所示。

图 4-15　曲面

(2) 选择命令，系统会弹出如图 4-16 所示的"选项"对话框。

图 4-16　"选项"对话框

(3) 定义类型。在"选项"对话框的"创建类型"下拉列表中选择"逐点"，在"模式"
下拉列表中可选择"点"。

"创建类型"用于选择所创建曲线的类型，包括"逐点"和"等参数"选项。

① 逐点：在曲面上指定每一个点的方式创建曲线。

② 等参数：在曲面上指定一点来创建等参数曲线。

"模式"用于选择所创建空间曲线的模式，包括"通过点"、"近接点"和"用控制点"，
其意义同"3D 曲线"命令。

注：此命令所创建的等参数曲线是无关联的。

(4) 选取创建曲线所在的约束面。在图形区选取如图 4-15 所示的曲面为约束面。

(5) 绘制曲线。在曲面上依次单击若干点绘制曲线，如图 4-17 所示。

图 4-17　曲面上创建曲线

(6) 单击"确定"按钮，完成在曲面上创建空间曲线的操作。

4.2.3　等参数曲线

使用"等参数曲线"命令![icon]，可以创建与曲面相关联的等参数曲线。下面通过实例说
明在曲面上创建关联的等参数曲线的操作过程。

(1) 打开百度网盘下载资料"CATIA 工程设计基础\第四章实例\2Isoparametric_curve.
CATPart"，如图 4-15 所示。

(2) 选择命令![icon]，系统弹出"等参数曲线"对话框，如图 4-18 所示。

图 4-18　"等参数曲线"对话框

(3) 定义支持面。选取图 4-15 所示的曲面为支持面。

(4) 定义参考点。在该支持面的边线上拾取任意一点为参考点。

(5) 定义等参数曲线的方向。采用系统默认的直线为等参数曲线的方向。

(6) 单击"确定"按钮，完成等参数曲线的创建，如图 4-19 所示。

图 4-19　曲面上创建等参数曲线

4.2.4　曲线投影

使用"曲线投影"命令 ，可以创建投影曲线。下面通过实例说明在曲面上创建投影曲线的操作过程。

(1) 打开百度网盘下载资料"CATIA 工程设计基础\第四章实例\3projection_curve.CATPart"，如图 4-20 所示。

图 4-20　创建曲线投影

(2) 选择命令 ，系统弹出"投影"对话框，如图 4-21 所示。

(3) 定义投影方向。在"投影"对话框中单击 ✈ 按钮(系统默认此方向)。

🗶：根据曲面的法线投影。

✈：根据指南针给出的方向投影。

(4) 定义投影曲线和投影面。选取如图 4-20 所示的曲线为投影曲线，然后按住 Ctrl 键，选择曲面为投影面。

(5) 单击"确定"按钮，完成投影曲线的创建，如图 4-22 所示。

图 4-21　"投影"对话框　　　　　　　　图 4-22　创建后的投影曲线

4.2.5　自由桥接曲线

使用"自由桥接曲线"命令 🌀，可以创建桥接曲线，即通过创建第三条曲线把两条不相连的曲线连接起来。下面通过实例说明桥接曲线的操作过程。

(1) 打开百度网盘下载资料"CATIA 工程设计基础\第四章实例\4FreeStyle Blend Surface. CATPart"，如图 4-23 所示。

图 4-23　创建桥接曲线

(2) 选择命令 🌀，系统弹出"桥接曲线"对话框，如图 4-24 所示。

图 4-24　"桥接曲线"对话框

（3）定义桥接曲线。依次选取图 4-23 所示的两条曲线，此时在图形区出现如图 4-25 所示的两个桥接点的连续性和张度信息。

注：选择曲线的位置若靠近某一个端点，则桥接点的位置即在该端点处。用户可通过拖动如图 4-25 所示的控制器来改变桥接点的位置；也可在桥接点处单击鼠标右键，然后选择"编辑"，在弹出如图 4-26 所示的"调谐器"对话框中，设置桥接点的相关参数来改变桥接点的位置。

图 4-25　桥接曲线的创建　　　　　　　　　图 4-26　"调谐器"对话框

（4）设置桥接点的连续性和方向。采用系统默认的相切连续。

注：桥接点的连续性分点连续、切线连续和曲率连续，点击"切线"黑框可切换连续性方式，通过单击图形区的绿色数字可以更改张度以及切线/曲率的方向。

（5）单击"确定"按钮，完成桥接曲线的创建。

4.2.6　样式圆角

使用"样式圆角"命令 🖊，可在两条空间曲线之间创建样式圆角。下面通过实例来说明创建样式圆角的操作过程。

（1）打开百度网盘下载资料"CATIA 工程设计基础\第四章实例\4FreeStyle Blend Surface. CATPart"，如图 4-23 所示。

（2）选择命令 🖊，系统弹出"样式圆角"对话框，如图 4-27 所示。

（3）定义样式圆角边。在图形区分别选取图中两条曲线为圆角的两条边线。

（4）设置样式圆角的参数：半径设为 40 mm，选中单个分割复选框和修剪单选按钮。

"半径"：用于定义样式圆角的半径值。

"单个分割"：限定样式圆角的控制点数量，从而获得单一曲线。

"修剪"：样式圆角在圆角起始点处对选择的曲线进行修剪。

"不修剪"：样式圆角在圆角起始点处对选择的曲线不进行修剪。

"连接"：样式圆角曲线复制并修改选择的曲线，且初始曲线与圆角线段相连。

（5）单击"确定"按钮，完成样式圆角的创建，如图 4-28 所示。

图 4-27 "样式圆角"对话框   图 4-28 创建后的样式圆角曲线

4.2.7 匹配曲线

使用"匹配曲线"命令 🝆，可将一条曲线按照定义的连续性连接到另一条曲线上。下面通过实例说明创建曲线的操作过程。

(1) 打开百度网盘下载资料"CATIA 工程设计基础\第四章实例\4FreeStyle Blend Surface. CATPart"，如图 4-23 所示。

(2) 选择命令 🝆，系统弹出"匹配曲线"对话框，如图 4-29 所示。

(3) 定义初始曲线和匹配点。选择图 4-23 中任意一条曲线为初始曲线，在另一条曲线上选取一点作为匹配点，然后在图形区显示匹配曲线的预览曲线，如图 4-30 所示。

"投影终点"：用于将初始曲线的终点，沿初始曲线匹配点的切线方向直线最小距离投影到目标曲线上。

"快速分析"：用于检验匹配点的质量，包括"距离""连续角度"和"曲率差异"。

图 4-29 "匹配曲线"对话框   图 4-30 创建后的匹配曲线

(4) 单击"确定"按钮，完成匹配曲线的创建。

4.3 创建曲面

4.3.1 缀面

点击"缀面"命令 🝆 右下角的倒三角符号，可得到如图 4-31 所示的 4 个命令："两点缀面""三点缀面""四点缀面"和"在现有曲面上创建曲面"。下面将分别介绍它们的创建操作过程。

图 4-31　"缀面"工具栏

1. 两点缀面

(1) 打开百度网盘下载资料"CATIA 工程设计基础\第四章实例\5planar patch. CATPart"。

(2) 选择命令 。

(3) 定义两点缀面的所在平面。右击图形区右上角的罗盘 ，弹出如图 4-32 所示的快捷菜单，点击"使 XY 成为优先平面"(缀面即在 XY 平面上创建)。

图 4-32　罗盘右键菜单

(4) 在图形区任取一点为起始点并单击鼠标右键，如图 4-33 所示。

图 4-33　两点缀面的创建

(5) 设置两点缀面的阶次。在如图 4-33 所示的快捷菜单中选择"编辑阶次"命令，则会出现如图 4-34 所示的"阶次"对话框，在"U"和"V"中均输入数值 4。单击"关闭"按钮，完成阶次的设置。

(6) 设置两点缀面的尺寸。可以在图 4-43 所示的快捷菜单中选择"编辑尺寸"命令，则会出现图 4-35 所示的"尺寸"对话框，在该对话框中可以设置两点缀面的尺寸。

图 4-34　"阶次"对话框　　　　图 4-35　"尺寸"对话框

(7) 指定两点缀面的终止点，完成两点缀面的创建，如图 4-36 所示。

图 4-36　创建后的两点缀面

注：三点缀面、四点缀面即选取 3 或 4 个点(四点缀面需选取指定的 4 个点)，这里不做多余的赘述。

2. 在现有曲面上创建面

使用"在现有曲面上创建面"命令 ，可以在现有的曲面上创建新的曲而。下面通过实例说明在现有曲面上创建曲面的操作过程。

(1) 打开百度网盘下载资料"CATIA 工程设计基础\第四章实例\5planar patch.CATPart"，如图 4-37 所示。

图 4-37　现有曲面

(2) 选择命令 。

(3) 选择现有曲面(图 4-37 所示的曲面)。

(4) 选择起始点和终止点，完成在现有曲面上创建面，如图 4-38 所示。

图 4-38　现有曲面上创建的面

4.3.2　拉伸曲面

使用"拉伸曲面"命令 ，通过现有的曲线创建拉伸曲面。下面通过实例说明创建拉伸曲面的操作过程。

(1) 打开百度网盘下载资料"CATIA 工程设计基础\第四章实例\6Rotate_Offset.CATPart"，如图 4-39 所示。

图 4-39　现有曲线

(2) 选择命令 ，系统弹出"拉伸曲面"对话框，如图 4-40 所示。

图 4-40　"拉伸曲面"对话框

(3) 定义拉伸类型和长度。在对话框中单击 按钮，可在"长度"文本框中将长度设为 100 mm。

曲线的法线 ：拉伸方向为所选择曲线的法线方向。

指南针方向 ：拉伸方向为指南针方向(即优先平面的法线方向)。

(4) 定义拉伸曲线。在图形区选取已存在的曲线为拉伸曲线，如图 4-41 所示。

图 4-41　拉伸曲面的创建

(5) 单击"确定"按钮，完成拉伸曲面的创建，如图 4-42 所示。

图 4-42　创建后的拉伸曲面

4.3.3　外插延伸

使用"外插延伸"命令 ，可以将曲线或曲面沿着与原始曲线或曲面相切的方向延伸。下面通过实例说明创建外插延伸曲面的操作过程。

(1) 打开百度网盘下载资料"CATIA 工程设计基础\第四章实例\6Rotate_Offset.CATPart"，如图 4-42 所示。

(2) 选择命令 ，系统弹出"外插延伸"对话框，如图 4-43 所示。

图 4-43　"外插延伸"对话框

(3) 定义外插延伸的长度值。在对话框的"长度"文本框中将长度改为 20 mm。

(4) 定义外插延伸的延伸类型。在对话框的"类型"区域选中"切线"。

切线：用于按照指定元素处的切线方向延伸。

曲率：用于按照指定元素处的曲率方向延伸。

精确：当选中此复选框时，外插延伸使用精确的延伸方式；反之，则使用粗糙的延伸方式。

(5) 定义延伸边线。在图形区选取图 4-42 所示的任意一边线为延伸边线，如图 4-44 所示。

图 4-44　创建中的曲面外插延伸

(6) 单击"确定"按钮，完成外插延伸的创建，如图 4-45 所示。

图 4-45　创建后的曲面外插延伸

4.3.4　桥接曲面

使用"桥接曲面"命令，可以在两个不相交的已知曲面间创建桥接曲面。下面通过实例说明创建桥接曲线的操作过程。

(1) 打开百度网盘下载资料"CATIA 工程设计基础\第四章实例\7Bridge.CATPart"，如图 4-46 所示。

(2) 选择命令，系统弹出"桥接曲面"对话框，如图 4-47 所示。

图 4-46　桥接前的曲面

图 4-47　"桥接曲面"对话框

(3) 定义桥接类型。在"桥接曲面类型"下拉列表中选择"自动"选项。

"桥接曲面类型"：用于选择桥接曲面的桥接类型，包括"分析""近似"和"自动"。

① 分析：当选取的桥接曲面边缘为等参数曲线时，系统将根据选取的面的控制点创建精确的桥接曲面。

② 近似：系统将根据初始曲面的近似值创建桥接曲面。

③ 自动：该选项是最优的计算模式，系统将使用"分析"方式创建桥接曲面，如果不能创建桥接曲面，则使用"近似"方式创建桥接曲面。

"信息"区域：用于显示桥接曲面的相关信息，包括"类型""补面数"和"阶次"等相关信息的显示。

"投影终点"：选中时，系统将选取较小边缘的终点投影到与其桥接的边缘。

(4) 定义桥接曲面的桥接边缘。选取图 4-46 所示的相邻两边，系统会自动预览桥接曲面，如图 4-48 所示。

图 4-48　桥接曲面的预览效果

(5) 设置桥接边缘的连续性。采用系统默认的"曲率连续"。

单击"曲率"，会出现如图 4-49 所示的快捷菜单，可供选择的连续性有"点连续""切线连续""比例"和"曲率连续"。

图 4-49　连续性菜单

点连续：连接曲面分享它们公共边上的每一点，其间没有间隙。

切线连续：连接曲面分享连接线上每一点的切平面。

比例：与切线连续性相似，也是分享在连接线上每一点的切平面，但从一点到另一点的纵向变化是平稳的。

曲率连续：连接曲面分享连接线上每一点的曲率和切平面。

(6) 单击"确定"按钮，完成桥接曲面的创建，如图 4-50 所示。

图 4-50　创建后的桥接曲面

4.3.5　样式圆角

使用"样式圆角"命令 ，可以在两个相交的曲面间创建圆角。下面通过实例说明创建圆角曲面的操作过程。

(1) 打开百度网盘下载资料"CATIA 工程设计基础\第四章实例\8Styling R.CATPart"，如图 4-51 所示。

图 4-51　用于创建圆角的两个曲面

(2) 选择命令 ⟳，系统弹出"样式圆角"对话框，如图 4-52 所示。

(3) 依次选取两曲面为支持面 1、支持面 2，并在弹出框中修改半径为 100 mm。

"连续"：用于选择连续性的类型，包括"G0""G1""G2"和"G3"4 个按钮。

① G0：圆角后的曲面与原曲面保持位置连续。

② G1：圆角后的曲面与原曲面保持相切连续。

③ G2：圆角后的曲面与原曲面保持曲率连续。

④ G3：圆角后的曲面与原曲面保持曲率变化连续。

"弧类型"：用于选择圆弧的类型，包括"桥接""近似值"和"精确"。仅当"G1"连续时可用。

① 桥接 🪞：用于在迹线间创建桥接曲面。

② 近似值 🪞：用于创建近似于圆弧的贝塞尔曲线曲面。

③ 精确 🪞：用于使用圆弧创建有理曲面。

"半径参数"：用于设置圆角半径参数，包括"半径"和"最小半径"。

① 半径：用于定义圆角的半径。

② 最小半径：用于设置最小圆角的相关参数。

图 4-52　"样式圆角"对话框

"圆角类型"：用于设置圆角的类型，包括"可变半径""弧圆角"和"最小真值"3 种类型。

① 可变半径 ⟳：用于设置可变半径。

② 弧圆角 🪞：用于设置使用弦的长度的穿越部分取代半径来定义圆角面。

③ 最小真值▨：用于设置最小半径受到系统依靠"G2"或"G3"连续计算出来的迹线约束，仅当连续类型为"G2"和"G3"时可用。

(4) 当"修剪支持面"▨被选中时，可修剪相应的源支持面，其效果如图 4-53 所示。

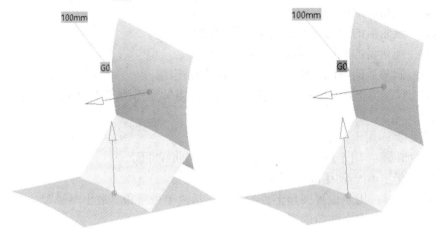

　　　　(a) 没有修剪的支持面　　　　　　　　　(b) 修剪后支持面

图 4-53　G0 连续的样式圆角

(5) 单击"确定"按钮，完成圆角的创建。

4.3.6　填充

使用"填充"▨命令，可在选择的封闭轮廓曲线内创建曲面。下面通过实例说明创建填充曲面的操作过程。

(1) 打开百度网盘下载资料"CATIA 工程设计基础\第四章实例\9Bridge.CATPart"，如图 4-54 所示。

图 4-54　用于填充的曲面

(2) 选择命令▨，系统弹出"填充"对话框，如图 4-55 所示。

图 4-55　"填充"对话框

曲面方向的法线 ：根据曲面的法线填充。

指南针方向 ：沿着指南针给出的方向填充。

(3) 定义填充区域。如图 4-54 所示，填充曲面中从左至右的第一个空缺开始。依次选取图 4-54 中左侧孔洞的相邻边线，直至构成封闭轮廓，如图 4-56 所示。

图 4-56　填充曲面的创建

注：填充边线总数为奇数时会出现相交点，为偶数时则不会出现相交点。

(4) 定义相交点坐标。单击相交点，再单击"编辑"，弹出"调谐器"对话框，可更改相交点的坐标位置。

(5) 单击"确定"按钮，完成填充曲面的创建。

4.3.7　自由填充

使用"自由填充"命令 ，可以在一个封闭区域内创建曲面，它与"填充"命令的不同之处在于前者的填充曲面具有关联性。用户可通过单击"填充"命令 右下方的倒三角符号找到该命令。下面通过实例说明创建自由填充曲面的操作过程。

(1) 打开百度网盘下载资料"CATIA 工程设计基础\第四章实例\9Bridge.CATPart"，如图 4-57 所示。

图 4-57　用于自由填充的曲面

(2) 选择命令 ，系统弹出"填充"对话框，如图 4-58 所示。

图 4-58　"填充"对话框

(3) 定义填充曲面的创建类型。在"填充类型"下拉列表中选择"自动"。

"填充类型"：可选择填充曲面的创建类型，包括"分析""进阶"和"自动"。

① 分析：用于根据选定的填充元素数目创建一个或多个填充曲面。

② 进阶：用于创建一个填充曲面。

③ 自动：是最优的计算模式。系统将使用"分析"方式创建填充曲面，如果不能创建填充曲面，则使用"进阶"方式创建填充曲面。

"信息"：用于显示桥接曲面的相关信息，包括"类型""补面数"和"阶次"等相关信息的显示。

(4) 定义填充范围。依次选取图 4-57 中右侧空缺处 4 条边线为填充范围。

(5) 单击"确定"按钮，完成自由填充曲面的创建，如图 4-59 所示。

图 4-59　创建后的自由填充曲面

4.3.8　网状曲面

使用"网状曲面"命令 ，可以通过已知的网状曲线创建曲面。下面通过实例说明创建网状曲面的操作过程。

(1) 打开百度网盘下载资料"CATIA 工程设计基础\第四章实例\10Net Surface.CATPart"，如图 4-60 所示。

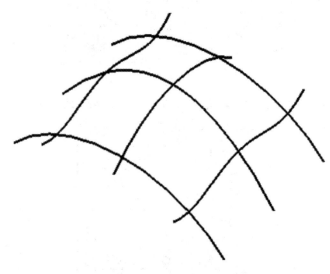

图 4-60　用于创建网状曲面的曲线

(2) 选择命令 ，系统弹出"网状曲面"对话框，如图 4-61 所示。

(3) 定义引导线。单击"网状曲面"对话框中的"引导线"，使其高亮显示，然后按住 Ctrl 键在图形区选取如图 4-61 所示的 3 条曲线为引导线。

(4) 定义轮廓。单击"网状曲面"对话框中的"轮廓"，使其高亮显示，然后按住 Ctrl 键在图形区选取如图 4-61 所示 3 条曲线为轮廓。

(5) 单击"确定"按钮，完成网状曲面的创建，如图 4-62 所示。

图 4-61　"网状曲面"对话框

图 4-62　创建后的网状曲面

4.3.9　样式扫掠

使用"样式扫掠"命令 ，可通过已知的轮廓曲线、脊线和引导线创建曲面。下面通过实例，说明创建扫掠曲面的操作过程。

(1) 打开百度网盘下载资料"CATIA 工程设计基础\第四章实例\11saolve.CATPart"，如图 4-63 所示。

(2) 选择命令 ，系统弹出"样式扫掠"对话框，如图 4-64 所示。

图 4-63　用于创建样式扫掠的三条曲线

图 4-64　"样式扫掠"对话框

(3) 定义扫掠类型。在"样式扫掠"对话框中，单击"扫掠和捕捉"按钮 。

简单扫掠 ：通过使用轮廓线和脊线创建简单扫掠曲面。

扫掠和捕捉 ：通过使用轮廓线、脊线和引导线创建扫掠曲面。在此模式中，轮廓未变形且仅在引导线上才能捕捉。

扫掠和拟合 ：通过使用轮廓线、脊线和引导线创建扫掠曲面。在此模式中，轮廓线可以变形拟合引导线。

近接轮廓扫掠 ◇：通过使用轮廓线、脊线、引导线和参考轮廓创建近轮廓扫掠曲面。在此模式中，轮廓线可以变形拟合引导线，并确保在引导线接触点处参考轮廓的 G1 连续。

(4) 定义轮廓/脊线/引导线。在"样式扫掠"对话框中，选取"轮廓""脊线""引导线"，并在图形区选取相应的曲线。

(5) 单击"确定"按钮，完成扫掠曲面的创建，如图 4-65 所示。

图 4-65　创建后的样式扫掠曲面

4.4　操　作

4.4.1　中断曲面或曲线

使用"中断曲面或曲线"命令 ，可以中断已知曲面或曲线，达到修剪的效果。下面通过实例说明中断过程。

(1) 打开百度网盘下载资料"CATIA 工程设计基础\第四章实例\12break.CATPart"，如图 4-66 所示。

图 4-66　用于中断操作的曲面和曲线

(2) 选择命令 ![图标]，系统弹出"断开"对话框，如图 4-67 所示。

(3) 定义中断类型。在对话框中单击 ![图标] 按钮。

"中断类型"：用于定义中断的类型，包括"中断曲线"和"中断曲面"。

① 中断曲线 ![图标] 按钮：通过一个或多个点、曲线、曲面来中断一条或多条曲线。

② 中断曲面 ![图标] 按钮：通过一条或多条曲线、曲面来中断一个或多个曲面。

"选择"：用于定义要切除和限制的元素，包括"元素"和"限制"输入框以及"中断两者"等按钮。

① "元素"输入框：在图形区选择要切除的元素。

② "限制"输入框：在图形区选择要切除的元素的限制元素。

③ 中断两者 ![图标]：用于同时中断元素和限制元素。

"修剪类型"：用于设置修剪后控制点网格的类型，包括"修剪面"和"修剪曲面"。

① 修剪面 ![图标] 按钮：用于设置保留原始元素上的控制点网格。

② 修剪曲面 ![图标] 按钮：用于设置按 U/V 方向输入缩短控制点网格。

(4) 定义要中断的曲面。

(5) 定义限制元素。在图形区选取曲线为限制元素。

图 4-67　"断开"对话框

"阶次"：用于定义阶数的相关参数，包括"保留阶次""U"和"V"输入框。

"投影"：用于设置投影的类型，包括"沿指南针""沿法线"和"沿查看方向"。当限制元素不在要切除的元素上时，可以用此区域中的命令进行投影。

① 沿指南针 ![图标] 按钮：用于沿指南针方向投影。

② 沿法线 ![图标] 按钮：用于沿法线方向投影。

③ 沿查看方向 ![图标] 按钮：用于沿用户手视角投影。

"外插延伸"：用于设置外插延伸的类型，包括"切线外插延伸""曲率外插延伸""ISOU 外插延伸"和"ISOV 外插延伸"。当限制元素没有贯穿要切除的元素时，可以用此区域中的命令进行延伸。

① 切线外插延伸 ：用于沿切线方向外插延伸。

② 曲率外插延伸 ：用于沿曲率方向外插延伸。

③ ISOU 外插延伸 ：用于沿标准方向 U 外插延伸。

④ ISOV 外插延伸 ：用于沿标准方向 V 外插延伸。

(6) 单击"应用"按钮，此时在图形区显示曲面已被中断，如图 4-68 所示。

(7) 定义保留部分。在图形区中拾取要被保留的区域(高亮显示部分)。

(8) 单击"确定"按钮，完成中断曲面的创建，如图 4-69 所示。

图 4-68　中断曲面保留部分的拾取

图 4-69　创建后的中断曲面

4.4.2　取消修剪

使用"取消修剪"命令 ，可以取消以前对曲面或曲线所进行的修剪操作，使其恢复修剪前的状态。下面通过实例说明取消修剪的操作过程。

(1) 打开百度网盘下载资料"CATIA 工程设计基础\第四章实例\12break.CATPart"，如图 4-69 所示。

(2) 选择命令 ，系统弹出"取消修剪"对话框，如图 4-70 所示。

(3) 定义取消修剪对象。在图形区选取"曲面 1"。

(4) 单击"确定"按钮，完成取消修剪的创建，如图 4-71 所示。

图 4-70　"取消修剪"对话框

图 4-71　取消修剪后的曲面

4.4.3 连接

使用"连接"命令 ，可将已知的两个曲面或曲线连接在一起，使它们成为 1 个曲面或曲线。下面通过实例说明连接的操作过程。

(1) 打开百度网盘下载资料"CATIA 工程设计基础\第四章实例\13Concatenate.CATPart"，如图 4-72 所示。

图 4-72 用于连接操作的两个曲面

图 4-73 "连接"对话框

(2) 选择命令，系统弹出"连接"对话框，如图 4-73 所示。

(3) 定义连接公差值。在 右侧的输入框中输入数值 20 mm。

"设置连接公差值"：用于设置连接公差值。

"信息"：用于显示偏差值、序号和线段数。

"自动更新公差"：如果用户设置的公差值过小，系统会自动更新公差。

(4) 定义连接对象。按住 Ctrl 键，在图形区选取"曲面 1"和"曲面 2"。

(5) 单击"应用"按钮，如图 4-74 所示，然后单击"确定"按钮，完成连接曲面的编辑，如图 4-75 所示。

图 4-74 两曲面连接的预览

图 4-75 连接处理后的曲面

4.4.4 分段

使用"分段"命令 ![icon]，可将一个已知的多弧曲线或曲面沿 U/V 方向分割成若干个单弧几何体。下面通过实例说明分段的操作过程。

(1) 打开百度网盘下载资料"CATIA 工程设计基础\第四章实例\14Fragmentation.CATPart"，如图 4-76 所示。

图 4-76 用于分段操作的曲面

(2) 选择命令 ![icon]，系统弹出"分段"对话框，如图 4-77 所示。

图 4-77 "分段"对话框

(3) 定义分段类型。在"类型"区域中选中"U 方向"。

"U 方向"：用于设置在 U 方向上的分段元素。

"V 方向"：用于设置在 V 方向上的分段元素。

"UV 方向"：用于设置在 U 方向上和 V 方向上的分段元素。

(4) 定义分割对象。在图形区选取曲面为分段对象。

(5) 单击"确定"按钮，完成分段曲面的创建，如图 4-78 所示。

图 4-78 分段后的曲面

4.4.5　拆解

使用"拆解"命令![icon]，可以将一个统一的整体或者已接合的整体变为若干部分。该命令的使用方法与"创成式外形设计"模块中的"拆解"命令作用相同。

4.4.6　转换器向导

使用"转换器向导"命令![icon]，可将有参曲线或曲面转换为 NURBS(非均匀多项式 B 样条线)曲线或曲面，并修改所有曲线或曲面上的弧数量。下面通过实例说明创建近似/分段过程曲线的操作。

(1) 打开百度网盘下载资料"CATIA 工程设计基础\第四章实例\15Approximate1.CATPart"，如图 4-79 所示。

(2) 选择命令![icon]，系统弹出"转换器向导"对话框，如图 4-80 所示。

图 4-79　用于转换的曲面　　　　　　　图 4-80　"转换器向导"对话框

(3) 定义转换对象。

(4) 设置转换参数。在"转换器向导"对话框中单击![icon]按钮，在"阶次"区域的"沿U"文本框中修改数值为 6，在"沿 V"文本框中修改数值为 6。

"设置转换公差值"![icon]：设置转换公差值。当此按钮被按下时，"公差"文本框被激活，用户可以设置初始曲线的公差。

"定义最大阶次值"![icon]：定义最大阶次控制曲线或者曲面的值。当此按钮被按下时，"阶次"区域被激活，用户可设置最大阶数的相关参数，包括"优先级""沿 U"和"沿 V"等。

① "优先级"复选框：用于指示阶数参数的优先级。

② "沿 U"文本框：用于定义 U 方向上的最大阶数。

③ "沿 V"文本框：用于定义 V 方向上的最大阶数。

"定义最大线段数"![icon]：定义最大段数控制的曲线或者曲面。当此按钮被按下时，"分割"区域被激活。

① "优先级"复选框：用于指示分段参数的优先级。

② "单个"复选框：用于设置创建单一线段曲线。

③ "沿 U"文本框：用于定义 U 方向上的最大段数。

④ "沿 V"文本框：用于定义 V 方向上的最大段数。

"3D 转换" ∿：将曲面上的曲线转换为 3D 曲线。

"2D 转换" ：保留曲面上的 2D 曲线。

(5) 单击"应用"按钮，显示曲面转换效果如图 4-81 所示。单击"确定"按钮，完成曲面的转换。

图 4-81　曲面转换的预览效果

4.4.7　复制几何参数

使用"复制几何参数"命令，可在一条或多条曲线上复制曲线的几何参数。下面通过实例说明复制几何参数的操作过程。

(1) 打开百度网盘下载资料"CATIA 工程设计基础\第四章实例\16Copy Geometric Parameters. CATPart"，如图 4-82 所示。

图 4-82　用于复制几何参数的曲线

(2) 选择命令，系统弹出"复制几何参数"对话框，如图 4-83 所示。

(3) 激活"工具仪表盘"工具栏上的"隐秘显示" 按钮。

(4) 选择第一条曲面为模板曲线。

(5) 按住 Ctrl，选择另外两条为目标曲线。

(6) 单击"应用"按钮，显示如图 4-84 所示的预览效果。单击"确定"按钮，完成复制几何参数的创建。

图 4-83　"复制几何参数"对话框　　　　图 4-84　曲线复制几何参数的效果预览

4.5　形 状 修 改

4.5.1　对称

使用"对称"命令 ，可以对已知元素相对于一个中心元素进行对称复制。该命令使用方法与"创成式外形设计"模块中的"对称"命令作用相同。

4.5.2　控制点

使用"控制点"命令 ，可以对已知曲线或者曲面上的控制点进行调整，使其变形。下面通过实例说明控制点调整的操作过程。

(1) 打开百度网盘下载资料"CATIA 工程设计基础\第四章实例\17control point.CATPart"，如图 4-85 所示。

图 4-85　用于控制点操作的曲面

(2) 选择命令 ![icon]，系统弹出"控制点"对话框，如图 4-86 所示。

图 4-86　"控制点"对话框

(3) 在图形区中拾取需要改变形状的曲面。

(4) 支持面选局部法线 ![icon] 按钮，调整 V 向的网格线与曲面间的距离。

"支持面"：用于设置平移控制点的方式，包括"垂直于指南针""网格线""局部法线""指南针平面""局部切线"和"屏幕平面"。

① 垂直于指南针 ![icon]：单击此按钮，则沿指南针法线平移控制点。

② 网格线 ![icon]：单击此按钮，则沿网格线平移控制点。

③ 局部法线 ![icon]：单击此按钮，则沿元素的局部法线平移控制点。

④ 指南针平面 ![icon]：单击此按钮，则在指南针主平面中平移控制点。

⑤ 局部切线 ![icon]：单击此按钮，则沿元素的局部切线平移控制点。

⑥ 屏幕平面 ![icon]：单击此按钮，则在屏幕平面中平移控制点。

"过滤器"：用于设置过滤器的过滤类型，包括"仅限点""仅限网格"和"点和网格"。

① 仅限点 ![icon]：单击此按钮，则仅对点进行操作。

② 仅限网格 ![icon]：单击此按钮，则仅对网格进行操作。

③ 点和网格 ![icon]：单击此按钮，则允许同时对点和网格进行操作。

"选择"：用于选择或取消选择控制点，包括"选择所有点"和"取消选择所有点"。

① 选择所有点 ![icon]：用于选择网格的所有控制点。

② 取消选择所有点 ![icon]：用于取消选择网格的所有控制点。

"扩散"：用于设置扩散的方式，包括"常量法则曲线"和"线性法则曲线"。

① 常量法则曲线 ![icon]：用于设置以同一个方式将变形拓展至所有选定的点(常量法则曲线)。

② 线性法则曲线 ![icon]：用于设置以指定方式将变形拓展至所有选定的点。

"交叉扩散"：用于设置交叉扩散的方式，包括"交叉常量法则曲线"和"交叉线性法则曲线"。

① 交叉常量法则曲线 ![icon]：用于设置以同一个方式将变形拓展至另一网格线上的所有选定点。

② 交叉线性法则曲线 ![icon]：用于设置以指定方式将变形拓展至另一网格线上的所有选定点。

"对称"：通过设置指定的对称平面进行网格对称计算。

"投影"：用于定义投影方式，包括"沿指南针法线投影"和"在指南针平面投影"。

① 沿指南针法线投影 ![icon]：单击此按钮，则按指南针法线对一些控制点进行投影。

② 在指南针平面投影 ![icon]：单击此按钮，则按指南针平面对一些控制点进行投影。

"谐和波"：用于设置谐和波的相关选项。

"选项"区域：

① 显示衍射 ![icon]：用于在控制点位置显示箭头，以示局部法线并推导变形。

② 显示偏差 ![icon]：用于显示当前几何图形与它以前的版本的最大偏差。

③ 显示谐和波平面 ![icon]：用于显示谐和波平面。

(5) 支持面选局部法线 ![icon] 按钮，沿曲面的法线方向调整控制点。

(6) 支持面选局部切线 ![icon] 按钮，沿曲面的切线方向调整控制点。

(7) 单击"确定"按钮，完成曲面控制点的调整，如图 4-87 所示。

图 4-87　调整控制点后的曲面

4.5.3　匹配曲面

使用"匹配曲面" ![icon]，可将已知的变形曲面与其他曲面按照指定的连续性连接起来。用户可通过单击 ![icon] 右下方的倒三角符号打开如图 4-88 所示的"匹配"工具条，该工具条包括单边匹配 ![icon] 和多边匹配 ![icon] 两个工具。

图 4-88　"匹配"工具栏

1. 单边匹配

"单边匹配"命令 ![icon]，可将曲面的一条边贴合到另一个曲面的边线上，并且可定义两曲面之间的连续性。下面通过实例说明单边匹配的操作过程。

(1) 打开百度网盘下载资料"CATIA 工程设计基础\第四章实例\18Match Surface.CATPart"，如图 4-89 所示。

(2) 选择 ![] 命令，系统弹出"匹配曲面"对话框，如图 4-90 所示。

图 4-89　用于单边匹配的两个曲面　　　　图 4-90　"匹配曲面"对话框

(3) 定义匹配边。选择两曲面靠近的两边。

(4) 设置匹配曲面的类型为"自动"。

"类型"：设置创建匹配曲面的类型，包括"分析""近似"和"自动"。

① 分析：利用指定匹配边的控制点参数创建匹配曲面。

② 近似：将指定的匹配边离散，从而近似地创建匹配曲面。

③ 自动：最优的计算模式，系统将使用"分析"方式创建匹配曲面，如果不能创建匹配曲面，则使用"近似"方式创建匹配曲面。

"信息"：用于显示匹配曲面的相关信息，包括"补面数""阶次""类型"和"增量"等相关信息。

"选项"：用于设置匹配曲面的相关选项，包括"投影终点""投影边界""在主轴上移动"和"扩散"。

① 投影终点：用于投影目标曲线上的边界终点。

② 投影边界：用于投影目标面上的边界。

③ 在主轴上移动：用于约束控制点，使其在指南针的主轴方向上移动。

④ 扩散：用于沿截线方向拓展变形。

(5) 设置匹配曲面的连续性和阶次。在图形区中通过点击匹配边线上的连续性切换为"曲率"，并设置其阶次 N 为 4，如图 4-91 所示。

图 4-91　曲面单边匹配的预览图

(6) 单击"确定"按钮，完成匹配曲面的创建。

2. 多边匹配

使用"多边匹配"命令![icon]，可将曲面的所有边线贴合到参考曲面上。下面通过实例说明多边匹配的创建过程。

(1) 打开百度网盘下载资料"CATIA 工程设计基础\第四章实例\19Multi-Side Match Surface.CATPart"，如图 4-92 所示。

图 4-92 用于多边匹配的曲面　　　　图 4-93 "多边匹配"对话框

(2) 选择![icon]命令，系统弹出"多边匹配"对话框，如图 4-93 所示。

散射变形：将变形遍布至整个匹配曲面，不局限于数量有限的控制点。

优化连续：设置用户定义的连续变形，不适用控制点和网格线变形。

(3) 定义匹配边。依次选取源曲面的边线和阈值对应的目标曲面上的边线，直至源曲面的所有边线均被匹配，如图 4-94 所示。

图 4-94 多边匹配的预览效果

(4) 定义连续性。在图形区中将所有边线上的"点"连续改为"曲率"连续。

(5) 单击"确定"按钮，完成多边匹配的创建，如图 4-95 所示。

图 4-95 创建后的多边匹配

4.5.4 拟合几何图形

使用"拟合几何图形"命令 ，可以对已知曲线或曲面与目标元素的外形进行拟合，以达到逼近目标元素的目的。下面通过实例说明外形拟合的操作过程。

(1) 打开百度网盘下载资料"CATIA 工程设计基础\第四章实例\20Fit to Geometry.CATPart"，如图 4-96 所示。

图 4-96　用于拟合几何图形的曲面

(2) 选择命令，系统弹出"拟合几何图形"对话框，如图 4-97 所示。

图 4-97　"拟合几何图形"对话框

(3) 定义源元素和目标元素。在图形区选取上曲面为源元素，选取下曲面为目标元素。

"选择"：用于定义源和目标元素，包括"源"和"目标"。

① 源：用于选择要拟合的元素。

② 目标：用于选择目标元素。

"拟合"：定义拟合的相关参数，包括"张度"和"光顺"两个滑块。

① 张度 ：用于设定张度系数。

② 光顺 ：用于设定光顺系数。

"自动封闭曲线"：设置自动封闭的拟合曲线。

"强制方向"：可定义投影方向。

(4) 设置拟合参数。调整 滑块和 滑块至合适值。

(5) 单击"确定"按钮，完成外形拟合的创建，如图 4-98 所示。

图 4-98　拟合几何参数后的曲面

4.5.5　全局变形

使用"全局变形"命令 ，可以沿指定元素改变曲面的形状。下面通过实例说明全局变形的操作过程。

(1) 打开百度网盘下载资料"CATIA 工程设计基础\第四章实例\21Global deformation. CATPart",如图 4-99 所示。

图 4-99　用于全局变形的曲面

(2) 选择 命令,系统弹出"全局变形"对话框,如图 4-100 所示。

图 4-100　"全局变形"对话框

(3) 定义全局变形类型。在"类型"下方选择"使用中间曲面"按钮。

使用中间曲面 ：使用中间曲面全局变形的曲面集。

使用轴 ：使用轴全局变形所选择的曲面集。

"引导线"：定义引导线的相关参数。

(4) 拾取图形区的曲面。

(5) 单击"全局变形"对话框中的"运行",弹出"控制点"对话框,无需更改对话框中的参数,就可调整图形区中的控制网格,如图 4-101 所示。

图 4-101　曲面的全局变形效果预览

(6) 单击"确定"按钮，完成全局变形的创建。

4.5.6　扩展

使用"扩展"命令，可以扩展/缩短已知曲面或曲线的长度。下面通过实例说明扩展的操作过程。

(1) 打开百度网盘下载资料"CATIA 工程设计基础\第四章实例\22Extend.CATPart"，如图 4-102 所示。

图 4-102　用于扩展的曲面

(2) 选择命令，系统弹出"扩展"对话框，如图 4-103 所示。

"保留分段"：用于设置允许负值扩展。

图 4-103　"扩展"对话框

(3) 定义要扩展的曲面，在图形区选择曲面。

(4) 设置扩展参数，拖动如图 4-104 所示方向控制器。

图 4-104　曲面扩展的预览效果

(5) 单击"确定"按钮，完成曲面扩展的创建。

4.6　曲线/曲面分析

4.6.1　连接性分析

"连接检查器分析"命令，可以对曲线或曲面的距离、切线和曲率进行连接性分析。下面通过实例说明对曲面进行连接性分析的操作过程。

(1) 打开百度网盘下载资料"CATIA 工程设计基础\第四章实例\23surface_consecutiveness. CATPart"，如图 4-105 所示。

图 4-105　用于连接性分析的两个曲面

(2) 选择命令，系统弹出"连接检查器"对话框，如图 4-106 所示。

(3) 定义分析类型。在对话框的"类型"中单击"曲面—曲面连接"按钮，并确认"连接"中"内部边线"按钮被选中，然后在"最大间隔"文本框中修改值为 0.5。

图 4-106 "连接检查器"对话框

"类型"：用于选择连接类型，包括"曲线—曲线连接""曲面—曲面连接"和"曲面—曲线连接"三种类型。

① 边界：用于两个元素的边界间的连接性分析。

② 投影：用于一个元素的边界与其在另一元素上的投影之间的连接性分析。

"快速"选项卡：用于获取考虑公差的简化分析。

用于对曲线或曲面进行距离、切线、曲率分析。

"显示"：用于显示连续性的相关参数，包括"有限色标""完整色标""梳"和"包络"。

① 有限色标 ：在限制颜色范围内用于显示色度标尺。

② 完整色标 ：在完整颜色范围内用于显示色度标尺。

③ 梳 ：用于显示与距离对应的各点处的尖峰。

④ 包络 ：用于连接所有的尖峰从而形成曲线。

"振幅"：用于设置梳缩放的方式。

① 最小间隔：用于定义最小间隔值。低于此值将不执行任何分析。

② 最大间隔：用于定义最大间隔值。高于此值将不执行任何分析。

③ 内部边线 ：用于分析内部连接。

"信息"：显示 3D 几何图形的最小值和最大值。

"离散化"：用于设置梳中的尖峰数目。

"最大偏差"：用于显示两曲面之间的最大偏差值。

(4) 定义要分析的面，按住 Ctrl 键，选取图形区中的两个曲面。

(5) 定义离散参数，在对话框的"离散化"中拾取 按钮。

(6) 定义显示参数，确认"振幅"中的"自动缩放" 按钮被选中，确认"显示"中
"梳" 按钮被选中。

(7) 在对话框中依次点击 G0、G1 和 G2 按钮实现两曲面之间的距离、相切和曲率等连
续性分析，如图 4-107 所示，单击"确定"按钮。

最大值=41.893

最小值=41.352

图 4-107　两曲面的连接性分析——G2 连续性

4.6.2　距离分析

"距离分析"命令 ，可以对已知元素间进行距离分析。下面通过实例说明距离分析
的操作过程。

(1) 打开百度网盘下载资料"CATIA 工程设计基础\第四章实例\24distance
analysis.CATPart"，如图 4-108 所示。

图 4-108　用于距离分析的两个曲面

(2) 选择 命令，系统弹出"距离分析"对话框，如图 4-109 所示。

(3) 定义"源"元素，在图形区选取一个曲面为"源"。

(4) 定义"目标"元素，在"距离分析"对话框的"目标"右侧的输入框中单击一次，
然后在图形区选取另一曲面为"目标"。

"元素"：用于定义要分析的元素，包括"源"和"目标"两个输入框。

① 源：用于定义分析的源元素。

② 目标：用于定义分析的目标元素。

图 4-109 "距离分析"对话框

③ 反转分析计算 ⟋：用于反转计算方向。

"投影空间"：定义用于计算的输入元素的预处理，包括"无元素投影""X 方向投影""Y 方向投影""Z 方向投影""指南针方向投影"和"平面距离"。

① 无元素投影 3D：若单击此按钮，则设置不修改元素并在初始元素之间进行计算。

② X 方向投影 ⤬：计算沿 X 方向进行的元素投影之间的距离，仅在分析曲线之间的距离时可用。

③ Y 方向投影 ⤬：计算沿 Y 方向进行的元素投影之间的距离，仅在分析曲线之间的距离时可用。

④ Z 方向投影 ⤬：计算沿 Z 方向进行的元素投影之间的距离。仅在分析曲线之间的距离时可用。

⑤ 指南针方向投影 ⬆：根据指南针当前的方向进行投影，并在选定元素的投影之间进行计算。

⑥ 平面距离 ⬓：计算曲线与包含该曲线的平面交线之间的距离，仅在分析曲线与平面之间的距离时可用。

"测量方向"：用于定义计算距离的方向，包括"法线距离""X 方向距离""Y 方向距离""Z 方向距离"和"指南针方向距离"。

① 法线距离 ⊥：设置根据源元素的法线计算距离。

② X 方向距离 ⤬：设置根据 X 轴计算距离。

③ Y 方向距离 ⤬：设置根据 Y 轴计算距离。

④ Z 方向距离 ⤬：设置根据 Z 轴计算距离。

⑤ 指南针方向距离 ⬆：用于设置根据指南针方向计算距离。

"用户最大距离" ⬆：用于设置显示的最大距离值。

"离散化"：用于设置离散化参数。

"显示选项"：定义显示选项，包括"有限颜色范围""完整颜色范围""显示带颜色的点""结构映射模式""2D 图表""显示统计信息""最小值""最大值"和"启用可变点"。

① 有限颜色范围 ![]：用于设置基于选择的颜色范围进行完全分析。

② 完整颜色范围 ![]：用于设置仅使用默认显示的 3 个值和 4 种颜色进行简化分析。

③ 显示带颜色的点 ![]：用于设置在几何图形上仅显示点外形的距离分析。

④ 结构映射模式 ![]：用于使用颜色分布检查分析。当此按钮处于选中状态时，![] 按钮、![] 按钮、![] 按钮和 ![] 按钮不可用。

⑤ 2D 图表 ![]：用于显示表示距离变化的 2D 图。

⑥ 显示统计信息 ![]：用于显示两个值之间点的百分比。

⑦ 最小值 ![]：用于显示最小距离值以及在元素上的位置。

⑧ 最大值 ![]：用于显示最大距离值以及在元素上的位置。

⑨ 启用可变点 ![]：允许将鼠标指针移动到离散化元素上时，显示指针下方的点与其他组元素之间更精确的距离。

"梳选项"：用于显示尖峰外形的距离分析，包括"显示梳""与缩放无关的长度""反转尖峰"和"显示包络"。

① 显示梳 ![]：当选中按钮时，"梳选项"被激活，用户可在其右侧的输入框中输入尖峰大小的比例。

② 与缩放无关的长度 ![]：用于设置自动优化的尖峰大小。

③ 反转尖峰 ![]：用于反转几何图形上的尖峰可视化。

④ 显示包络 ![]：用于显示将所有尖峰连接在一起的包络线。

(5) 定义测量方向。在"测量方向"中单击"法线距离" ![] 按钮，当鼠标移至曲面某位置时，将会显示当前位置处的距离，如图 4-110 所示。

(6) 定义显示选项。单击"显示选项"中的 ![] 按钮，系统弹出"Colors"对话框，在对话框中单击"使用最小值和最大值"按钮，如图 4-110 所示。

(7) 分析统计分布。在"距离分析"对话框中单击"显示统计信息"按钮 ![]，此时的"Colors"对话框如图 4-111 所示。

图 4-110　"Colors"对话框

图 4-111　"Colors"对话框—统计分布

(8) 显示最小值和最大值。在"距离分析"对话框中单击"最小值"按钮 ∀和"最大值"按钮 Λ，则图形区会显示出最小值和最大值。

(9) 显示梳。单击"确定"按钮，完成距离的分析，如图 4-112 所示。

图 4-112   两曲面之间的距离分析

4.6.3   箭状曲率分析

"箭状曲率分析"命令 ，可以对曲线进行分析，观察所生成的曲率分布图有无规则的"尖端"和"折叠"，从而对曲线进行平滑或光顺处理，也保证了所创建曲面的连续性。下面通过实例说明曲线曲率分析的操作过程。

(1) 打开百度网盘下载资料"CATIA 工程设计基础\第四章实例\25Curvature analysis. CATPart"，如图 4-113 所示。

(2) 选择命令 。系统弹出"箭状曲率"对话框，如图 4-114 所示。

图 4-113   用于曲率分析的曲线

图 4-114   "箭状曲率"对话框

(3) 选择分析类型。在"箭状曲率"对话框的"类型"中选择"曲率"。

(4) 选取要分析的项，然后在图形区选取曲线，曲线上出现曲率分布图，如图 4-115 所示。将鼠标移至曲率分布图的任意曲率线上，系统将自动显示该曲率线对应曲线位置的曲率数值。

(5) 单击"确定"按钮，完成曲线曲率分析。

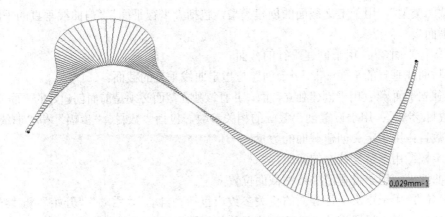

0.029mm-1

图 4-115　曲线曲率分析的创建

4.6.4　切除面分析

"切除面分析"命令 ，可以在已知曲面上创建若干个切割平面，并对这些切割平面与已知曲面的交线进行曲率分析。下面通过实例说明切除面分析的操作过程。

(1) 打开百度网盘下载资料"CATIA 工程设计基础\第四章实例\26qiechumianfenxi.CATPart"，如图 4-116 所示。

(2) 选择 命令，系统弹出"分析切除面"对话框，如图 4-117 所示。

图 4-116　用于切除面分析的曲面　　　　图 4-117　"分析切除面"对话框

(3) 设置截面类型。在"分析切除面"对话框的"截面类型"区域中单击"平行平面"按钮，然后右击"参考"右侧的输入框，在弹出框中选择"YZ 平面"。

"截面类型"：用于定义截面的创建类型，包括"平行平面""与曲线垂直的平面"和"独立平面"。

① 平行平面⬭：用于创建平行的截面。

② 与曲线垂直的平面⬭：用于创建与指定曲线垂直的截面。

③ 独立平面⬭：用于创建独立截面，并且该独立截面必须是前面创建好的平面或曲面。

"数目/步幅"：用于设置创建截画的相关参数，包括"数目""步幅"和"曲线上"。

① 数目：用于定义创建截面的数量。

② 步幅：用于定义截面的间距。

③ 曲线上：用于设置沿曲线的截面位置。

"边界"：用于定义平行截面的相关参数，包括"自动""手动""开始"和"结束"。

① 自动：用于设置系统自动根据选择的几何图形定义截面的位置。

② 手动：用于将截面的位置定义在指定的开始值和结束值之间。

③ 开始：用于定义截面的开始值。

④ 结束：用于定义截面的结束值。

"显示"：用于设置显示的相关选项，包括"平面""弧长""曲率"和"设置"。

平面⬭：用于显示创建的截面。

弧长⬭：用于显示创建的弧长。

曲率⬭：用于显示截面与指定曲面交线的曲率。

设置：用于显示"箭状曲率"的相关参数。

(4) 设置截面数量。选中"数目"按钮，在其右侧输入框中修改数值为10。

(5) 定义要分析的曲面。在图形区选取曲面为分析对象。

(6) 定义显示参数。单击对话框中的"平面"按钮⬭和"曲率"按钮⬭。

(7) 定义箭状曲率的相关参数。单击对话框中"设置"按钮，系统弹出"箭状曲率"对话框。"类型"选择"曲率"，"密度"设置为100，如图4-118所示，单击"确定"按钮，完成箭状曲率的参数设置。

图4-118 "箭状曲率"对话框

(8) 单击"确定"按钮，完成切除面分析，如图 4-119 所示。

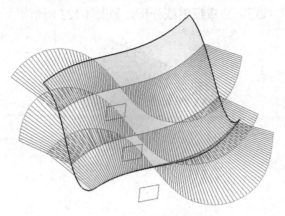

图 4-119　曲面的切除面分析

4.6.5　反射线分析

"反射线分析"命令，可以利用反射线对已知曲面进行分析。下面通过实例说明反射线分析的操作过程。

(1) 打开百度网盘下载资料"CATIA 工程设计基础\第四章实例\27Reflection Lines.CATPart"，如图 4-120 所示。

(2) 选择命令，系统弹出"反射线"对话框，如图 4-121 所示。

图 4-120　用于分射线分析的曲面　　　　　图 4-121　"反射线"对话框

(3) 定义要分析的对象。在图形区选取曲面为要分析的对象。

(4) 定义霓虹参数。在对话框中，点击"设置"按钮，重新设置 N 为 10，设置 D 为 15。

"霓虹"：用于定义霓虹的相关参数，包括"霓虹数""霓虹间步幅"和"位置"。

① 霓虹数 N：用于定义霓虹的条数。

② 霓虹间步幅 D：用于定义每条霓虹的间距。

③ 位置：用于设置自动霓虹定位。

"视角"：用于定义视角的位置，包括"与视点相关的视角"和"用户定义的视角"。

① 与视点相关的视角：用于将视角设置到视点位置。

② 用户定义的视角：将用户定义的视角定义到固定的位置。

(5) 定义视角。在"视角"下方单击 ⬛。

(6) 单击"确定"按钮，完成反射线分析，如图 4-122 所示。

图 4-122 曲面的反射线分析

4.6.6 衍射线分析

"衍射线分析"命令 ⬛，可以利用衍射线对已知曲面进行分析。下面通过实例说明衍射线分析的操作过程。

(1) 打开百度网盘下载资料"CATIA 工程设计基础\第四章实例\27Reflection Lines.CATPart"，如图 4-120 所示。

(2) 选择命令 ⬛，系统弹出"衍射线"对话框，如图 4-123 所示。

(3) 定义要分析的对象。在图形区选取曲面为要分析的对象。

(4) 定义局部平面方式。在对话框选中"指南针平面"。

指南针平面：用于根据指南针定义每个点的局部平面。

参数：用于根据两个参数方向定义每个点的局部平面。

(5) 单击"确定"按钮，完成衍射线分析，如图 4-124 所示。

图 4-123 "衍射线"对话框

图 4-124 曲面的衍射线分析

4.6.7 强调线分析

"强调线分析"命令 ⬛，是可利用强调线对已知曲面进行分析。下面通过实例说明强调线分析的操作过程。

(1) 打开百度网盘下载资料"CATIA 工程设计基础\第四章实例\27Reflection

Lines.CATPart",如图 4-120 所示。

(2) 选择命令 ，系统弹出"强调线"对话框，如图 4-125 所示。

(3) 定义要分析的对象。在图形区选取曲面为要分析的对象。

(4) 定义分析类型、强调线类型和螺旋角。在对话框中，"分析类型"选"按角度"，在"定义强调线"中选择"法线"，"螺旋角"设为"10deg"。

"定义强调线"：用于选择强调线的突出显示类型，包括"切线"和"法线"。

① 切线：用于设置突出显示指定曲面上的点的切线方向与指南针的 Z 轴方向成定义的螺旋角度位置。

② 法线：用于设置突出显示指定曲面上的点的法向与指南针的 Z 轴方向成定义的螺旋角度位置。

"螺纹角"：用于定义螺旋的角度值。

(5) 单击"确定"按钮，完成强调线的分析，如图 4-126 所示。

图 4-125　"强调线"对话框

图 4-126　曲面的强调线分析

4.6.8　曲面曲率分析

"曲面曲率分析"命令 ，可以对曲面进行曲率分析。下面通过实例说明曲面曲率分析的操作过程。

(1) 打开百度网盘下载资料"CATIA 工程设计基础\第四章实例\28surface_Curvature analysis. CATPart"，如图 4-127 所示。

图 4-127　用于曲率分析的曲面

(2) 更改视图样式，选择"含材料着色" 。

(3) 选择 命令，系统弹出"曲面曲率分析"对话框，如图 4-128 所示。

(4) 定义分析对象，选中图形区图形。

(5) 定义显示选项。选中"色标"和"3D 最小值和最大值"，弹出如图 4-129 所示"曲面曲率分析.1"对话框，单击"使用最小值和最大值"按钮。

图 4-128   "曲面曲率分析"对话框   图 4-129   "曲面曲率分析.1"对话框

色标：显示或隐藏色标，即对应打开或关闭"曲面曲率分析.1"对话框。

运行中：根据运行中的点进行分析，得出单个点的曲率，并以曲率箭头指示最大最小曲率的方位。

3D 最小值和最大值：在 3D 查看器中找到最大值和最小值。

无突出显示：无突出显示展示。

仅正值：要求系统进行正值分析。

半径模式：要求系统在半径模式下评估分析。

(6) 单击"确定"按钮，完成曲面曲率的分析，如图 4-130 所示。

图 4-130   曲面的曲率分析

4.6.9　拔模分析

点击"曲面曲率分析"命令 下方的倒三角符号，使用"拔模分析" 命令，可以对曲面进行拔模分析，下面通过实例说明拔模分析的操作过程。

(1) 打开百度网盘下载资料"CATIA　工程设计基础\第四章实例\28surface_Curvature analysis.CATPart"，如图 4-127 所示。

(2) 更改视图样式，选择 含材料着色。

(3) 选择命令 ，系统弹出"拔模分析"对话框，如图 4-131 所示。

(4) 定义要分析的对象。在图形区选取图形。

(5) 定义显示选项。单击"模式"中的 按钮，系统弹出如图 4-132 所示"拔模分析.1"对话框。

　　图 4-131　"拔模分析"对话框　　　图 4-132　"拔模分析.1"对话框

"模式"：用于定义分析模式，包括"快速分析模式"和"全面分析模式"。

① 快速分析模式 ：用于设置基于选择的颜色范围进行快速分析。

② 全面分析模式 ：用于设置使用默认显示的值和颜色进行全面分析。

"显示"：用于定义分析类型，包括"显示或隐藏色标""根据运行中的特点进行分析""无突出显示展示"和"光源效果"。

① 显示或隐藏色标 ：用于以完整颜色范围或有限颜色范围显示(或隐藏)进行距离分析。

② 根据运行中的特点进行分析 ：用于进行局部分析。

③ 无突出显示展示 ：用于突出显示展示部分的隐藏。

④ 光源效果 ：用于进行环境光源明暗的调整。

"方向"：用于设置方向的相关参数，包括"锁定或解除锁定拔模方向""使用指南针"和"反转拔模方向"。

① 锁定或解除锁定拔模方向 ：单击该按钮，选择一个方向(直线、平面或使用其法线的平面)，或者在指南针操作器可用时使用它的选择方向来锁定方向。

② 使用指南针 ⬆：使用指南针定义新的当前拔模方向。

③ 反转拔模方向 ✎：用于反转拔模方向。

"信息"区域：用于显示指南针的位置信息。

(6) 定义拔模方向。单击"方向"中的 ⬆ 按钮，右击图形区中的指南针，在弹出的快捷菜单中选择"使 UV 成为优先平面"，如图 4-133 所示。

图 4-133 　指南针的右击快捷菜单

(7) 单击"确定"按钮，完成拔模分析，如图 4-134 所示。

图 4-134 　曲面的拔模分析

4.6.10 映射分析

"映射分析"命令 🐷，可以对曲面进行映射分析。下面通过实例说明映射分析的操作过程。

(1) 打开百度网盘下载资料"CATIA 工程设计基础\第四章实例\29Mapping Analysis.CATPart"，如图 4-135 所示。

图 4-135 　用于映射分析的曲面

(2) 更改视图样式，选择 ▦ 含材料着色。

(3) 选择命令 🐱，系统弹出"映射"对话框，如图 4-136 所示。

(4) 定义分析图像，在对话框中的"图像定义"下拉列表中选择"海滩"。

"图像定义"：用于定义图像的类型。

📂：用户可以通过单击该按钮添加自定义图片。

"选项"：用于设置映射的参数，包括"反射率的值"和"零件映射或逐元素映射"。

① 反射率的值 🔽：用于定义反射率值即结构使用的透明度。

② 零件映射或逐元素映射 🔺：定义映射是逐个零件完成还是在零部件上全局完成。

(5) 定义分析对象。在图形区选取图形为要分析的对象。

(6) 单击"确定"按钮，完成映射分析，如图 4-137 所示。

图 4-136　"映射"对话框

图 4-137　曲面的映射分析

4.6.11　等照度线映射分析

点击"映射分析"命令 🐱 右下方的倒三角符号，使用"等照度线映射分析"命令 ▨，可以对曲面进行斑马线分析。下面通过实例说明等照度线映射分析的操作过程。

(1) 打开百度网盘下载资料"CATIA 工程设计基础\第四章实例\29Mapping Analysis.CATPart"，如图 4-135 所示。

(2) 更改视图样式，选择 ▦ 含材料着色。

(3) 选择命令 ▨，系统弹出"等照度线映照分析"对话框，如图 4-138 所示。

图 4-138　"等照度线映照分析"对话框

(4) 定义映射类型。在"类型选项"中的 下拉列表中拾取"球面模式"。

"类型选项"：用于设置映射分析的相关选项，包括"球面模式"下拉列表、"按零件分析映射或逐个元素分析映射""屏幕定义"下拉列表、"点模式"下拉列表、"光源效果"和"无突出显示展示"。

① 球面模式 下拉列表：用于设置分析类型。

② 按零件分析映射或逐个元素分析映射 ：用于定义映射是逐个零件完成还是在零部件上全局完成。

③ 屏幕定义 下拉列表：使用屏幕定义。

④ 点模式 下拉列表：使用用户视角位置定义映射分析入射方向。

⑤ 光源效果 ：用于进行环境光源明暗的调整。

⑥ 无突出显示展示 ：用于突出显示展示部分的隐藏。

"条纹参数"：用于设置条纹的相关参数，包括"少量条纹—大量条纹"滑块、"黑粗条纹—黑细条纹"滑块、"颜色锐化转换—颜色光顺转换"滑块、"指南针 3D 方向""隐藏 3D 操作器"和"半径"输入框。

① 少量条纹—大量条纹 ：用于设置条纹相对数量。

② 黑粗条纹—黑细条纹 ：用于设置黑白条纹相对宽度。

③ 颜色锐化转换—颜色光顺转换 ：用于设置颜色锐化和光顺的相对值。

④ 指南针 3D 方向 ：用于通过移动指南针改变映射分析方向。

⑤ 隐藏 3D 操作器 ：用于隐藏 3D 操作器。

⑥ "半径"输入框：用于设置圆柱或球面的半径值。

(5) 定义分析对象。在图形区选择图形为要分析的对象。

(6) 单击"确定"按钮，完成斑马线分析，如图 4-139 所示。

图 4-139　曲面的斑马线分析

第五章　自由曲面设计实例

自由曲面在汽车、飞机等设计领域的应用非常广泛。CATIA 以其强大的自由曲面模块为用户提供了极丰富的造型工具，能够满足用户对复杂曲面及其光顺性的设计要求。本章通过花瓶和汽车车身 2 个实例的操作，介绍 CATIA 的自由曲面和创成式外形设计 2 个模块在实际中的应用。

5.1　花　瓶　设　计

在日常居家生活中，摆放花瓶可以起到美化家居和提升品位的作用，花瓶如图 5-1 所示。

图 5-1　花瓶

在 CATIA 自由曲面模块中，通过运用"3D 曲线""旋转""对称""偏移曲面"以及"桥接"等命令，可以简单快捷地完成花瓶的造型设计，其基本步骤如下：

(1) 单击"3D 曲线(3D Curve)"命令图标 ↷，在正视图模式下，以控制点的方式绘制如图 5-2 所示的 3D 曲线.1。3D 曲线.1 从上至下 6 个点的坐标见表 5-1。

(2) 单击"旋转"命令图标 ，"轮廓"选择 3D 曲线.1，Z 轴作为旋转轴。"角度 1"定义为 180°，"角度 2"定义为 0°，旋转.1 如图 5-3 所示。

图 5-2　3D 曲线.1　　　　　　　　　　　　　图 5-3　旋转.1

表 5-1　3D 曲线.1 从上至下 6 个点的坐标

点	沿 X 方向位置	沿 Y 方向位置	沿 Z 方向位置
点 1	0	9.5	33
点 2	0	−7	12
点 3	0	20	−16
点 4	0	25	−24
点 5	0	50	−46
点 6	0	16	86.5

(3) 单击"偏移"命令图标，偏移 3 mm 得曲面.1，如图 5-4 所示。

(4) 单击"桥接曲面"命令图标，桥接旋转.1 和曲面.1 顶部，桥接曲面.1 如图 5-5 所示。

图 5-4　曲面.1　　　　　　　　　　　　　图 5-5　桥接曲面.1

（5）单击"对称"命令图标 ，将所创建的曲面进行对称操作，对称面选择 YZ 平面，如图 5-6 所示。

（6）单击"桥接曲面"命令图标 ，分别对两曲面底部桥接，连续性均定义为"点"，曲面.2 和曲面.3 分别如图 5-7 和图 5-8 所示，完成花瓶的创建，如图 5-9 所示。

图 5-6　对称　　　　　　　　　图 5-7　曲面.2

图 5-8　曲面.3　　　　　　　　图 5-9　花瓶

5.2　汽车车身设计

1. 车身基本线框的导入

打开 CATIA 软件后，进入 Freestyle 模块，依次点击菜单"开始""形状""Freestyle"。打开百度网盘下载资料"CATIA 工程设计基础\第五章实例\5-2 车身\wireframe.CATPart"，车身基本线框如图 5-10 所示。

图 5-10　车身基本线框

2. 创建曲面

1) 车身头部

(1) 创建名称为"曲面"的几何图形集。

(2) 使用"拉伸"工具对 3D 曲线.1 进行拉伸,"方向"选择曲线的法线,"长度"设为−200 mm,拉伸得到的曲面.1 如图 5-11 所示,单击"确定"按钮。(创建该曲面可辅助车身的曲面设计)

图 5-11　曲面.1

(3) 点击"桥接曲面"工具,在"桥接曲面类型"选择近似,在图形区中拾取 3D 曲线.2 和曲面.1 的边线(非 3D 曲线.1!),右击图形区中的黑框,选择切线连续,得到曲面.2 如图 5-12 所示,单击"确定"按钮。

图 5-12　曲面.2

(4) 点击"桥接曲面"工具,拾取 3D 曲线.3 和曲面.2 的边线,右击左下方的端点,点击"编辑",在调谐器中更改"参数"为 0.65,右击图形区中的黑框,选择曲率连续,得到曲面.3 如图 5-13 所示，单击"确定"按钮。

图 5-13　曲面.3

(5) 继续使用"桥接曲面"工具，拾取 3D 曲线.4 和曲面.3 的边线，连续性设为点连续，更改右下方端点的位置，设置调谐器中的"参数"为 0.34，得到曲面.4 如图 5-14 所示，点击"确定"按钮。

图 5-14　曲面.4

(6) 使用"控制点"工具，"支持面"选择局部法线，"过滤器"设为仅限网格，图形区中更改 Nv 值为 3 阶，上下边线均设置为 G0 连续，调整曲面形状，如图 5-15 所示，点击"确定"按钮。

图 5-15　曲面.4 的修改

(7) 使用"桥接曲面"工具，拾取 3D 曲线.5 和曲面.2 的边线，连续性设为点连续，更改左上方端点的位置(调谐器中"参数"设为 0.78)，更改右下方端点的位置(调谐器"参数"设为 0.28)，更改连续性为曲率连续，得到曲面.5 如图 5-16 所示，点击"确定"按钮。

图 5-16　曲面.5

(8) 继续使用"桥接曲面"工具，拾取 3D 曲线.5 和曲面.4 的边线，连续性设为点连续，更改右上方端点的位置参数为 0.8，更改右下方端点的位置参数为 0.2，更改连续性为曲率连续，得到曲面.6 如图 5-17 所示，点击"确定"按钮。

(9) 使用"控制点"工具，对曲面.6 的形状进行更改，参数设置如同曲面.4 的形状更改设置。

图 5-17　曲面.6

(10) 使用"桥接曲面"工具，拾取曲面.5 的边线和曲面.6 的边线，左下角端点的位置参数设为 0.6，更改连续性为曲率连续，得到曲面.7 如图 5-18 所示，点击"确定"按钮。

图 5-18　曲面.7

2) 车身中部

(1) 使用"拉伸"工具对 3D 曲线.6 进行拉伸,"方向"选择曲线的法线,"长度"设为 200 mm,拉伸得到的曲面.8 如图 5-19 所示,单击"确定"按钮。

图 5-19　曲面.8

(2) 使用"桥接曲面"工具,拾取 3D 曲线.7 和曲面.8 的边线,右上角端点的位置参数设为 0.42,更改连续性为切线连续,得到曲面.9 如图 5-20 所示,点击"确定"按钮。

图 5-20　曲面.9

(3) 使用"桥接曲面"工具,拾取 3D 曲线.8 和曲面.9 的边线,左上角端点的位置参数设为 0.15,左下角端点参数设为 0.06,更改连续性为曲率连续,得到曲面.10 如图 5-21 所示,点击"确定"按钮。

图 5-21　曲面.10

(4) 使用"自由填充"工具，隐藏 3D 曲面.7，依次拾取曲面.10 的边线(曲率连续)、曲面.9 的边线(曲率连续)、3D 曲线.9(点连续)和 3D 曲线.8(点连续)，得到曲面.11 如图 5-22 所示，点击"确定"按钮。

图 5-22   曲面.11

(5) 点击"桥接曲面"工具，"桥接曲面类型"选择自动，拾取 3D 曲线.9 和曲面.8 的边线，左上角端点的位置参数设为 0.6，左下角端点的位置参数设为 0.8，更改连续性为切线连续，得到曲面.12 如图 5-23 所示，点击"确定"按钮。

图 5-23   曲面.12

(6) 点击"桥接曲面"工具，拾取曲面.10 的边线和曲面.5 的边线，将曲面.5 边线上的端点位置参数分别设为 0.85 和 0.62，更改连续性为曲率连续，得到曲面.13 如图 5-24 所示，点击"确定"按钮。

图 5-24   曲面.13

(7) 使用"自由填充"工具，隐藏 3D 曲线.6，依次拾取曲面.8 的边线(切线连续)、曲面.9的边线(切线连续)、曲面.13 的边线(切线连续)和曲面.12 的边线(切线连续)，得到曲面.14 如图 5-25 所示，点击"确定"按钮。

图 5-25　曲面.14

(8) 点击"桥接曲面"工具，拾取曲面.12 的边线和 3D 曲线.4，3D 曲线.4 上的端点位置参数分别设为 0.87 和 1，更改连续性为切线连续，得到曲面.15 如图 5-26 所示，点击"确定"按钮。

图 5-26　曲面.15

(9) 点击"桥接曲面"工具，拾取 3D 曲线.4 和 3D 曲线.9，3D 曲线.4 上端点的位置参数分别设为 0.43 和 0.83，3D 曲线.9 上端点的位置参数分别设为 0.1 和 0.7，得到曲面.16，点击"确定"按钮。使用"控制点"工具更改该曲面的形状，参数设置如同曲面.4 的形状更改设置。

(10) 使用"自由填充"工具，参数设置与曲面.14 的参数设置相同，创建出曲面.17 和曲面.18，如图 5-27 所示。

图 5-27　曲面.17 和曲面.18

(11) 点击"桥接曲面"工具，拾取 3D 曲线.4 和 3D 曲线.10，3D 曲线.4 上端点的位置参数分别设为 0.45 和 0.8，3D 曲线.10 上端点的位置参数分别设为 0.23 和 0.9，得到曲面.19，点击"确定"按钮。使用"控制点"工具更改该曲面的形状，参数设置与曲面.4 的形状更改设置相同。

(12) 点击"桥接曲面"工具，拾取 3D 曲线.4 和 3D 曲线.11，3D 曲线.4 上端点的位置参数分别设为 0.88 和 1，3D 曲线.11 上端点的位置参数分别设为 0.3 和 0.7，得到曲面.20，点击"确定"按钮。同样，使用"控制点"工具更改该曲面的形状。

(13) 使用"自由填充"工具，参数设置与曲面.14 的参数设置相同，创建曲面.21 和曲面.22，如图 5-28 所示。

图 5-28　曲面.21 和曲面.22

3) 车身尾部

(1) 使用"拉伸"工具对 3D 曲线.12 进行拉伸，"方向"选择曲线的法线，"长度"设为 200 mm，拉伸得到曲面.23，单击"确定"按钮。

(2) 点击"桥接曲面"工具，"桥接曲面类型"选择自动，拾取 3D 曲线.11 和曲面.23 的边线，3D 曲线.11 上端点的位置参数分别设为 0.8 和 1，曲面.23 的边线上端点的位置参数设为 0 和 0.45，得到曲面.24 如图 5-29 所示，点击"确定"按钮。

图 5-29　曲面.24

(3) 点击"桥接曲面"工具，拾取曲面.24 的边线和曲面.20 的边线，曲面.24 的边线上端点的位置参数分别设为 0.1 和 0.3，曲面.20 的边线上端点的位置参数分别设为 0.2 和 0.75，更改连续性为切线连续，得到曲面.25 如图 5-30 所示，点击"确定"按钮。

图 5-30 曲面.25

(4) 点击"桥接曲面"工具,"桥接曲面类型"选择自动,拾取曲面.23 的边线和曲面.25 的边线,曲面.23 的边线上端点的位置参数分别设为 0.5 和 1,曲面.25 的边线上端点的位置参数分别设为 0 和 1,得到曲面.26 如图 5-31 所示,点击"确定"按钮。

图 5-31 曲面.26

(5) 使用"自由填充"工具,填补曲面.24 和曲面.26 之间的缝隙,依次拾取曲面.23 的边线(切线连续)、曲面.24 的边线(点连续)和曲面.26 的边线(点连续),得到曲面.27,点击"确定"按钮。

(6) 使用"自由填充"工具,依次拾取曲面.25 的边线(切线连续)、曲面.20 的边线(切线连续)、3D 曲线.11(点连续)和曲面.24 的边线(切线连续),得到曲面.28,如图 5-32 所示,点击"确定"按钮。

图 5-32 曲面.28

(7) 隐藏曲面.20，调整图形至右视图 ，绘制一条 3D 曲线，起点为曲面.26 的左上角端点，终点在 3D 曲线.12 上，如图 5-33 所示，点击"确定"按钮。

图 5-33　3D 曲线的创建

(8) 使用"中断曲面或曲线"工具，"元素"选择曲面.26，"限制"选择上一步创建的 3D 曲线.64，"投影"选择沿查看方向 ，点击"应用"按钮，保留较大区域的曲面分块，如图 5-34 所示，点击"确定"按钮。

图 5-34　曲面.26 的中断

(9) 重新显示曲面.20，点击"桥接曲面"工具，拾取曲面.12 的边线和曲面.26 的边线，曲面.12 的边线上端点的位置参数分别设为 0.05 和 1，连续性设为点连续，而曲面.26 的边线上端点的位置参数分别设为 0.25 和 0.9，连续性设为曲率连续，得到曲面.29，如图 5-35 所示，点击"确定"按钮。

图 5-35　曲面.29

(10) 点击"桥接曲面"工具，拾取曲面.15 的边线和曲面.26 的边线，曲面.15 的边线上端点的位置参数分别设为 0.3 和 0.8，曲面.26 的边线上端点的位置参数分别设为 0.15 和 0.2，连续性设为曲率连续，得到曲面.30，如图 5-36 所示，点击"确定"按钮。

图 5-36　曲面.30

(11) 使用"自由填充"工具，填补车身尾部的缝隙，连续性设置与曲面.29 的设置相同，得到曲面.31、曲面.32 和曲面.33，如图 5-37 所示，点击"确定"按钮。

图 5-37　曲面.31、曲面.32 和曲面.33

4) 车灯和进气栅格

(1) 隐藏曲面.1、曲面.8 和曲面.23，调整图形至左视图，使用"中断曲面或曲线"工具，"元素"选择曲面.2，"限制"选择 3D 曲线.13，"投影"选择沿查看方向，点击"应用"，保留 2 个分块曲面，如图 5-38 所示，点击"确定"按钮。

图 5-38　曲面.2 的中断

(2) 隐藏 3D 曲线.13，使用"平移"工具(创成式外形设计模块)将曲面.35 平移，"方向"为"Y 部件"，"距离"为 40 mm，如图 5-39 所示，得到曲面.36，点击"确定"按钮。

(3) 隐藏曲面.34，使用"桥接曲面"工具，拾取曲面.36 的边线和曲面.35 的边线，连续性设为点连续，得到曲面.37，如图 5-39 所示，点击"确定"按钮。

(4) 使用"接合"工具，将曲面.35、曲面.36 和曲面.37 接合起来，得到接合曲面——接合.6。使用"倒圆角"工具，对该接合曲面的边线进行倒圆角处理，圆角半径为 5 mm，点击"确定"按钮。

图 5-39	曲面.37

(5) 调整图形至左视图 ⊞，使用"中断曲面或曲线"工具，"元素"选择曲面.5，"限制"选择接合.1 的接合曲线，"投影"选择沿查看方向，点击"应用"，仅保留较大的分块曲面，如图 5-40 所示，点击"确定"按钮。

图 5-40	曲面.5 的中断

(6) 隐藏接合曲线——接合.1，使用"边界"工具(创成式外形设计模块)提取上一步中断处的边界，如图 5-41 所示，点击"确定"按钮。

图 5-41　中断面边界的提取

　　(7) 使用"拉伸曲面"工具，对上一步创建的边线进行曲面拉伸，"方向"选择指南针方向，通过切换"指南针工具栏"工具 ，调整拉伸方向为 Y 方向，"长度"设为 40 mm，得到曲面.38 和曲面.39，点击"确定"按钮。

　　(8) 使用"填充"工具 (创成式外形设计模块)，拾取曲面.38 和曲面.39 的边线，构成封闭轮廓，如图 5-42 所示，点击"确定"按钮，得到曲面.40。

图 5-42　曲面.40

　　(9) 使用"接合"工具，将曲面.5 和曲面.38～曲面.40 接合起来，得到接合.7。再使用"倒圆角"工具，对接合.7 的内部边线进行倒圆角，"半径"设为 3 mm，点击"确定"按钮。

　　(10) 使用"接合"工具，将曲面.1 和曲面.3～曲面.7(注意：部分曲面已更名)接合起来，得到名为接合.8 的接合曲面。

　　(11) 使用"中断曲面或曲线"工具，"元素"选择接合.8，"限制"选择接合.5，点击"应用"按钮，仅保留较大的分块曲面，生成曲面.41(曲面集合体)，如图 5-43 所示，点击"确定"按钮。

图 5-43　曲面.41——接合.8 的中断

(12) 隐藏接合.2,使用"边界"工具提取上一步中断处的边界,"拓展类型"选择点连续,如图 5-44 所示,点击"确定"按钮。再使用"拉伸曲面"工具,将该边界沿着 Y 方向拉伸 40 mm,参数设置与创建曲面.38 和曲面.39 的设置相同,得到曲面.42～曲面.49,如图 5-45 所示,点击"确定"按钮。再使用"接合"工具,将曲面.42～曲面.49 接合起来,生成曲面集合体——接合.9。

图 5-44　大灯轮廓的边界提取

图 5-45　大灯侧面的拉伸

(13) 调整图形至左视图，点击模型树中的"ZX 平面",再点击"平面缀面"工具，如图 5-46 所示,得到曲面.50。隐藏曲面.41,使用"控制点"工具,调整曲面.50 的形状,使其能够与接合.9 相交,如图 5-47 所示,点击"确定"按钮。

图 5-46　平面缀面的创建

图 5-47 平面缀面形状的控制点调整

(14) 使用"修剪"工具，对曲面.50 和接合.9 进行修剪，修剪后的曲面如图 5-48 所示，点击"确定"按钮。

图 5-48 曲面修剪

(15) 重新显示曲面.41，使用"接合"工具将上一步修剪后的曲面与曲面.41 接合，得到曲面集合体——接合.10。使用"倒圆角"工具，将上一步中的内部边线进行倒圆角处理，"半径"设为 2 mm，点击"确定"按钮。

(16) 调整图形至右视图，使用"接合"工具，将曲面.26 和曲面.29～曲面.32 接合，生成曲面集合体——接合.11，点击"确定"按钮。

(17) 使用"中断曲面或曲线"工具，"元素"选择接合.11，"限制"选择接合.2，点击"应用"，保留较大区域的曲面分块，如图 5-49 所示，点击"确定"按钮，得到曲面集合体——曲面.51。

图 5-49 接合.11 的中断

(18) 隐藏接合.2，使用"边界"工具，提取上一步中断处的边界，如图 5-50 所示，点击"确定"按钮。使用"拉伸曲面"工具，将提取的边界沿 Y 方向拉伸 40 mm，如图 5-51 所示，得到曲面.52~曲面.58，点击"确定"按钮。

图 5-50　尾灯轮廓的提取　　　　　　　　　　图 5-51　尾灯侧面的拉伸

(19) 使用"接合"工具，将曲面.52~曲面.58 接合，得到接合.12。使用"边界"工具，提取接合.12 的边界，如图 5-52 所示，点击"确定"按钮。再使用"填充"工具(创成式外形设计模块)，拾取该边界，点击"确定"按钮，生成曲面.59(填充.2)。

图 5-52　曲面.59

(20) 使用"接合"工具，将曲面.59、曲面.51 和接合.12 接合起来，得到曲面集合体——接合.13。再使用"倒圆角"工具，将接合.13 的内部边界进行倒圆角处理，"半径"设为 2 mm，如图 5-53 所示，点击"确定"按钮。

图 5-53　接合 13 的倒圆角

5) 车窗

(1) 点击"桥接曲面"工具，拾取曲面.13 的边线和 3D 曲线.9，曲面.13 的边线上端点的位置参数分别设为 0 和 0.7，3D 曲线.9 上端点的位置参数分别设为 0.64 和 0.75，连续性设为点连续，得到曲面.60，点击"确定"按钮。

(2) 点击"桥接曲面"工具，拾取曲面.10 的边线和 3D 曲线.9，曲面.10 的边线上端点的位置参数分别设为 0 和 0.9，3D 曲线.9 上端点的位置参数分别设为 0.1 和 0.6，连续性设为点连续，得到曲面.61，如图 5-54 所示，点击"确定"按钮。

图 5-54　曲面.61

(3) 使用"自由填充"工具，填补曲面.60 和曲面.61 相邻的缝隙，连续性设置如同曲面.29 的设置，得到曲面.62、曲面.63 和曲面.64，如图 5-55 所示，点击"确定"按钮。

图 5-55　曲面.64

(4) 使用"接合"工具，将曲面.60～曲面.64 接合起来，得到曲面集合体——接合.14。使用"中断曲面或曲线"工具，"元素"选择接合.14，"限制"选择接合.3 和接合.4，点击"应用"按钮，保留较大区域的曲面分块，得到曲面.65，如图 5-56 所示，点击"确定"按钮。

图 5-56　曲面.65

(5) 使用"中断曲面或曲线"工具，"元素"选择曲面.9，"限制"选择 3D 曲线.17，点击"应用"按钮，保留较大区域的曲面分块，如图 5-57 所示，点击"确定"按钮。

图 5-57　曲面.9 的中断

(6) 隐藏所有曲线，使用"对称"工具，"元素"框选图形区中的所有曲面，"参考"选择 YZ 平面，如图 5-58 所示，点击"确定"按钮。至此，汽车车身的设计全部完成。

图 5-58　汽车车身的整体外形

第六章　数字曲面编辑器模块介绍

6.1　数字曲面编辑器功能简介

数字曲面编辑器在点云数据处理方面具有很大优势，可进行导入及清理点云数据、三角网格化点云、作点云剖面提取曲线、提取特征线以及点云质量分析。

(1) Cloud Import and Export(导入导出点云)：可以把扫描得到的点云数据导入到 CATIA 中或从 CATIA 中导出，工具栏如图 6-1 所示。

(2) Cloud Edition(编辑点云)：对点云进行选择(Select)、移除(Remove)或过滤(Filter)以及特征线保护(Protect)，工具栏如图 6-2 所示。

(3) Cloud Reposit(重置点云)：可对点云进行对齐，工具栏如图 6-3 所示。

图 6-1　"导入导出点云"工具栏　　　图 6-2　"编辑点云"工具栏

图 6-3　"重置点云"工具栏

(4) Mesh(铺面)：可建立三角网格，偏置平滑网格及孔洞修补等，工具栏如图 6-4 所示。

(5) Cloud Operation(操作点云)：可合并及分割点云或网格面，工具栏如图 6-5 所示。

(6) Scan Creation(创建交线)：可截取点云断面，获得自由边界等，工具栏如图 6-6 所示。

图 6-4　"铺面"工具栏

图 6-5　"点云操作"工具栏　　　图 6-6　"创建交线"工具栏

(7) Curve Creation(创建曲线)：可由扫描线生成曲线或绘制 3D 曲线，工具栏如图 6-7 所示。

(8) Cloud Analysis(点云分析)：可提供点云信息及偏差检测，工具栏如图 6-8 所示。

图 6-7　"创建曲线"工具栏　　　　　图 6-8　"点云分析"工具栏

6.2　点　云　数　据

6.2.1　非接触式扫描仪厂家介绍

逆向扫描目前主要采用非接触方式进行扫描，非接触式扫描仪主要有手持式和非手持式两种方式，以下简单介绍这两种方式的生产代表厂家情况。

1. 网格天成公司介绍

网格天成科技有限公司(wingotech)作为手持式扫描厂家的代表之一，一直专注于先进质量控制系统应用和计量解决方案开发，在汽车行业的质量控制与调谐测试方面具有十分丰富的经验。该公司一直面向汽车、航空航天、3C 消费品、铸造、塑胶、模具等领域客户提供最专业的检测、计量与质量控制的解决方案与服务。该公司的思看 PRINCE 手持式扫描仪精度可达 0.02 mm。

2. GOM 公司介绍

德国 GOM 公司作为一家跨国公司，一直致力于测量技术的研发和推广。GOM 以最新研究成果和创新技术为基础，开发、生产和销售关于工业和自动化三维坐标测量技术以及三维测试的软件、设备和系统。该公司生产的 ATOS 系列扫描设备，是非手持式的代表之一，其中最先进的有 ATOS ScanBox 系列光学扫描设备，具有自动扫描功能。

6.2.2　点云数据的由来

在产品开发和制造过程中，有些产品没有采用计算机辅助(CAD)进行设计，面对这样的实物，若需获得数学模型，则需要获取其点云数据。目前获得点云的设备有非接触式测量设备和接触式测量设备。非接触式测量设备有如图 6-9 所示的 PRINCE 手持式光学扫描设备，由杭州思看科技有限公司研发，网格天成科技有限公司负责销售 PRINCE 系列手持式光学扫描设备和如图 6-10 所示的 PRINCE 红蓝激光双模工作模式的扫描仪。

PRINCE 非接触式测量设备的基本原理是利用激光照射在物体表面上所形成的激光图案，由上下两个摄像头进行同位移的捕捉，在图像中检测出其激光图案的形态和间断性，从而构成物体可见表面与扫描头之间的相对测度，完成物体表面几何形状的提取。这种方法的突出优点是扫描速度特别快，量测精度高。因此，在逆向工程中提取被测物体表面点云形态时，成为了最主要的方法，得到广泛应用。

除了思看 PRINCE 扫描仪外，还有诸如图 6-11 所示的 ATOS SCANBOX 光学三维测试设备和如图 6-12 所示的 Laser-RE 系列复合型激光扫描机等，触式测量设备有如图 6-13 所示的三坐标测量仪等。目前测量设备的发展趋势是向着高速度、高精度、系统化、集成化、智能化的方向发展，CCD相机、激光、CT等非接触式方法越来越成为主要的测量方式。

图 6-9　PRINCE 手持式光学扫描设备

图 6-10　PRINCE 红蓝激光双模工作模式的扫描仪

图 6-11　ATOS SCANBOX 光学三维测试设备

图 6-12　Laser-RE 系列复合型激光扫描机　　图 6-13　三坐标测量仪

以思看 PRINCE 手持式三维激光扫描设备获得点云的过程为例，其系统是全球首创的红蓝激光双模工作模式，完美解决了行业痛点，兼顾手持式三维扫描仪的便携灵活高效以及拍照式三维扫描仪的高分辨率高细节度的特点。扫描对象大到一架飞机，小到一枚硬币，都可以快速细致完成扫描。其最小分别率可达 0.02 mm，是目前进口手持式三维扫描仪分辨率的 5 倍，大幅度提高了三维数据的细节度。

思看 PRINCE 手持式三维激光扫描具有双模工作模式，分别为 RED 标准扫描模式和BLUE 超精细扫描模式，两种工作模式可以实时快速切换。其中 RED 标准扫描模式继承了传统手持激光三维扫描高效便捷的功能和效果；而 BLUE 超精细扫描模式则具备顶配拍照式三维扫描仪极佳的三维特征细节的特性。同时，上述两种工作模式扫描所获得的数据能集成在同一文件中，兼顾单次扫描数据的整体效率和局部细节。

在测量过程中，可以直接采用 PRINCE 手持式三维激光扫描仪进行扫描，先在被测量的物体表面贴上适量的参考点，通过相应的软件，对其进行标定，然后开始对被测物体进行分布扫描，扫描过程中需注意过渡面以及测量头的测量范围不少于 4 个参考点。图 6-14 为PRINCE 扫描工作情景，通过扫描后，从 PRINCE 输入参考点点云数据，如图 6-15 所示。

图 6-14　PRINCE 扫描工作情景

图 6-15　从 PRINCE 输入的参考点点云数据

　　随着光学技术的进步与发展，三维激光扫描仪早已不再局限于逆向工程领域的应用。结合其红蓝光双模扫描技术，手持式激光扫描仪现已广泛用于更精密的三维数据采集与测量工作，在汽车领域、航空航天、消费电子等工业领域正发挥着愈发重要的三维测量和质量控制的作用。

6.2.3　点云数据的导入和导出

　　单击 按钮会出现"点云导入"(Cloud Import)对话框，打开百度网盘下载资料："CATIA 工程设计基础\第六章实例\1kongtiaolvqingqi.stl"，如图 6-16 所示。

图 6-16　"点云导入"对话框

　　在 Format 下拉菜单中包括 3 种点云数据格式：Atos、Iges 和 Stl。

　　(1) Atos 格式：如图 6-17(a)所示，Atos 格式下的"Minimal Piont Quality"选项用来清除 Atos 格式中无效的点(Invalid pionts)，导入点云是根据设置值将点云中所有小于该值的点清除。

　　(2) Iges 格式：如图 6-17(b)所示，Iges 格式下的"Direction"选项用来设置交线。

(3) Stl 格式: 如图 6-17(c)所示, Stl 格式下的"System"选项用来选择本机计算机和产生此文件(Binary Data)的计算机操作系统是否相同, 如果相同就选择"Same", 否则就选择"Other", 不确定时选择"Unknow"。"Free Edges"选项用来决定是否要产生三角网格面(Facet)。

(a)　　　　　　　　　(b)　　　　　　　　　(c)

图 6-17　不同格式(Format)下的选项

单击 [...] 按钮, 选择点数据文件的路径, 勾选 Statistics 选项可显示所导入点云的信息。"Options"有下列几个选项:

(1) Sampling(%): 设置取样比例, 即加载的点占原来点数据的百分比。

(2) Scale factor: 用来改变模型的比例因子。

(3) File unit: 用来设置导入点数据的单位。

单击 [　　More >>　　] 按钮可以进行其他设置, 如图 6-18 所示。

图 6-18　"点云导入"More 扩展对话框

Create facets: 用于设置是否生成三角网格面。未选择 Create facets 时, 导入情况如图 6-19 所示; 选择 Create facets 时, 导入情况如图 6-20 所示。

图 6-19　未选择 Create facets 时的点云

图 6-20　选择 Create facets 时的点云

单击按钮，再单击欲导出的对象，会弹出如图 6-21 所示的对话框，选择导出的文件路径。

图 6-21　"点云导出"对话框

6.3　点云的编辑

6.3.1　激活点云

激活点云命令可直接通过点选点云或者圈选点云来选择点云的部分区域作为工作区域，操作如下。

(1) 单击按钮，出现如图 6-22 所示的对话框。

图 6-22　"激活点云"对话框

(2) 单击鼠标左键，将要独立出来的部分点云圈选出来，按住鼠标左键移动绿色的控制点可以改变圈选范围。

Mode 提供了 4 种圈选点云的方法：Pick、Trap、Brush 和 Flood。

① Pick：拾取点。

② Trap：单击鼠标左键，通过矩形、多边形和样条线来圈选点云。Trap Type 菜单提供了矩形(Rectangular)、多边形(Polygonal)和样条线(Spline) 3 种圈选模式，具体效果如图 6-23～图 6-25 所示。

图 6-23　矩形选取点云　　　　　　　　图 6-24　多边形选取点云

③ Brush：按住鼠标左键，通过圆圈刷点云，刷到的部分即为要提取的部分点云。注意，用 Brush 刷取点云前，点云必须经过 Mesh Creation 或在导入点云时在"More"菜单中选取"Create facets"选项，只有这样 Brush 命令才会生效，具体效果如图 6-26 所示。

图 6-25　样条线方法选取点云　　　　　　图 6-26　刷取点云

④ Flood：单击鼠标左键，拾取某一三角网格，则所在三角网格面上连续三角网格均被拾取。

Selected Part 菜单可以选择获得圈内点云还是圈外点云，具体如图 6-27 所示。

(a) 圈内点云　　　　　　　　(b) 圈外点云

图 6-27　圈内和圈外点云选取情况

（3）单击"Valid Trap"按钮使圈选生效，此时被选点云以红色显示。若要选择多个区域，则在点击"Valid Trap"按钮后重复圈选步骤，最后点击"确定"按钮，这时屏幕上只显示待编辑的部分点云，但其他部分并未被删除，只是被隐藏起来。

（4）完成操作后，再次点击 按钮并点击刚才被圈选的点云，单击 Activate All 按钮恢复完整点云。

6.3.2 移除点云

在对物体的测量过程中，总会有一些额外的点被测量在内，这些点的作用主要是作为边界的缓冲区。为了避免所获取的轮廓形状不完整，后续工作中，最好在点云导入之后删除这些多余点。

（1）单击 按钮，出现如图 6-28 所示的对话框。

图 6-28　"移除点云"对话框

（2）在"Remove"菜单中单击 Select All 按钮选择所有点，单击 Swap 按钮切换选取范围，即本来选中的点变为不选中，本来不选中点的变为选中。Remove 的操作与 Activate 的操作大致相同，详细讲解参考 6.3.1 章节。

（3）完成后单击 确定 按钮，确定移除操作并关闭对话框。这里需要注意的是，移除后的点云不能像激活点云那样可以恢复原来点云。

6.3.3 过滤点云

由于激光扫描测量点的数目非常庞大，如果直接对点云进行处理，将会造成处理速度慢、费时而且整个过程也变得难以控制。实际上也并不是所有点的数据对模型重建都有用，因此，在保证一定精度的前提下可适当减少数据量，即在曲面变化缓慢的地方点密度可以较稀疏地取点，在曲率变化较大的地方则需要密集取点，这样就减少了点的数据量。CATIA

的过滤命令(Filter)可实现该功能。

单击 🔳 按钮出现如图 6-29 所示的对话框。

图 6-29　"过滤"对话框

(1)　Homogeneous：输入的数值为过滤球的半径。半径越大，点与点之间的距离也就越大，被过滤掉的点越多，半径的值越小被过滤掉的点越少。

(2)　Adaptative：点与点之间的弦偏差量，数值越大，被滤掉的点越多。该方法可使曲面变化小的地方滤除较多的点，而变化大的地方滤除较少的点。建议选此选项。

注意：在过滤操作中，被过滤的点只是被隐藏，选中 Physical removal 复选框才能把滤除的点真正删除。

过滤点云具体操作如下：

(1) 单击 🔳 按钮会出现"Cloud Import"对话框，打开百度网盘下载资料："CATIA 工程设计基础\第六章实例\1kongtiaolvqingqi.stl"，导入点云(详细讲解见 6.2.2 章节)，如图 6-30 所示。

图 6-30　导入空调滤清器点云

(2) 单击 🔳 按钮并点击选择点云，具体设置框如图 6-31 所示。

图 6-31　点云过滤设置前

（3）根据具体情况选择"Homogeneous"的数值，这里例举 Homogeneous 分别为 2 和 4 的情况，具体情况如图 6-32 所示。

图 6-32　点云过滤 Homogeneous 设置为数值 2 和 4 的情况

(4) 点击"确定"按钮完成点云过滤。

6.4　铺面与补洞

为了更好地辨识点云的各个特征，方便重建模型，需要对处理好的点云进行铺面。DSE 模块提供了图示工具栏可以完成此功能，其中铺面(Mesh Creation)功能可以把点云铺成网格。偏移(Offset)是将铺好的网格偏移，若是铺出来的网格有破洞，可以利用补洞(Fill Holes)功能填补破洞。

6.4.1　铺面

(1) 单击 按钮并选择点云，出现如图 6-33 所示对话框。

图 6-33　"铺面"对话框

(2) 选择执行模式。

① 3D Mesher：针对具有复杂形状点云的铺面方法(一般都用此方法)。

② 2D Mesher：针对形状比较平滑简单的点云，即点云的形状可以通过投影在一个平面上表示。此模式需要选择一个平面作为参考平面，平面的方向决定了网格质量的好坏(此模式一般不使用)。

(3) 其他选项设置方向如下。

① Neighborhood：此微调框中的数值为点云中小球的半径，若两点之间的距离大于输入值，则不能生成网格面。若不勾选，则表示所有点都参与网格面的构成，其他选项选择默认项即可。数值越大，点云铺面上的破洞就越少；数值越小，点云铺面上的破洞就越多。

② Display：此选项组可选择显示网格的方式。Shading 方式可以显示网格打光的情形，Triangles 方式则是单纯的显示三角网格。其中 Smooth 和 Flat 选项仅在 Shading 方式时起作用，选择 Smooth 选项可使网格打光后的曲面较为平滑，选择 Flat 选项则每个三角网格独立于唯一一个面。

(4) 设置完毕后按"应用"按钮预览，再单击"确定"按钮完成。

6.4.2 偏移

偏移命令主要实现偏移铺好的网格面。

(1) 单击 按钮，出现如图 6-34 所示的对话框。

图 6-34　"网格偏移"对话框

(2) 选择欲偏移的网格面，输入偏移值(Offest Value)，单击"应用"按钮预览结果。

(3) 若选中"Create scans"复选框，则偏移后的网格上会生成边界扫描线。

6.4.3 补洞

点云在执行铺面命令之后，会发现网格面上可能会有破洞存在，对于局部的一些小洞，增加 Neighborhood 数值不仅效果不佳，而且会影响整个网格面的精度，此时可以利用补洞工具对局部的破洞进行修补。

(1) 点击 <img icon> 按钮并选择网格面，如图 6-35 所示。

(2) 此时 CATIA 自动识别出破洞，V 代表修补此洞，X 代表不修补此洞，用鼠标右键点击破洞的标识可以选择是否修补此破洞，如图 6-36 所示。

(3) 点击"应用"按钮预览修补效果，单击"确定"按钮完成修补。

图 6-35　"补洞"对话框

图 6-36　补洞效果

6.5　点云导入的综合实例

下面通过一个例子来梳理点云的处理过程：

(1) 单击 <img icon> 按钮，导入点云(打开百度网盘下载资料"CATIA 工程设计基础\第六章实例\1kongtiaolvqingqi.stl")，如图 6-37 所示。

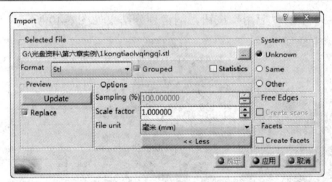

图 6-37　"导入点云"对话框

(2) 在导入点云后，点击"导入点云"对话框中的"应用"按钮，点云导入结果如图 6-38 所示。

图 6-38　导入点云结果

(3) 单击 按钮，执行 Mesh Creation 命令，Neighborhood 的数值设置可视情况而定，此处选定"7.5 mm"，具体如图 6-39 所示。

图 6-39　网格划分过程

(4) 点击图 6-39 中的"应用"按钮，网格划分结果如图 6-40 所示。

图 6-40　网格划分结果

(5) 单击 按钮，执行 Fill Holes 命令，具体过程如图 6-41 所示。

(6) 点击图 6-41 中的"应用"按钮，补洞结果如图 6-42 所示。

图 6-41　补洞过程　　　　　　　　　　　　　　　图 6-42　补洞结果

6.6　创 建 交 线

创建交线命令工具栏如图 6-43 所示，常用的命令为曲线投影(Curve projection)和截面线(Planer Sections)。

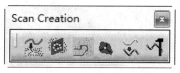

图 6-43　创建交线工具栏

6.6.1 曲线投影

曲线投影(Curve Projection)命令可以将空间中的曲线投影到点云或网格面上，投影的曲线可以由许多不联系的曲线构成。投影时，空间曲线离散为很多个点，每个离散点再投影到点云上。

(1) 打开百度网盘下载资料"CATIA 工程设计基础\第六章实例\curve projection.CATPart"，具体如图 6-44 所示。

图 6-44   打开 curve projection 文件的点云图

(2) 单击 按钮，并点击曲线(圆上的直线)及点云，点击"应用"按钮，具体如图 6-45 所示。

图 6-45   曲线投影情况

(3) 如果是将曲线投影在点云上，投影方向只能选择"Along a direction"，若是投影在网格上则有如图 6-46 所示的投影选项。

图 6-46　投影选项

(4) "Sag"选项可以设置曲线的离散程度，"Working distance"是投影延伸的距离，数值越小，精度越高。

(5) 选择"Curve creation"选项只会生成曲线而没有交线，若不选择该项则会产生交线。

(6) 单击"确定"按钮，完成曲线投影。

6.6.2　截面线

截面线(Planar Sections)工具可以在点云或网格面上打截面，从而获取断面交线。

(1) 打开百度网盘下载资料"CATIA 工程设计基础\第六章实例\planar sections.CATPart"，具体如图 6-47 所示。

图 6-47　打开 planar sections 文件

(2) 单击 按钮，并点击点云，具体情况如图 6-48 所示。

图 6-48　截面线命令设置

(3) 对话框中的其他选项。

① Number：用来分割点云的平面数目。

② Step：设定平面和平面之间的距离。

③ Reference：选择不同的参考平面。单击 ⟲ 或 ⟲ 或 ⟲ 按钮，选择基准面作为参考面；单击罗盘按钮 ⬆，可以用罗盘定义参考平面；单击 ⬭ 按钮，选择已有平面作为参考平面。

(4) 视情况选择"Number"和"Step"的数值。在这里取"Number"的数值为 8，"Step"的数值为 48，其结果如图 6-49 所示。

图 6-49　多平面截面线

(5) 点击图 6-49 中的"应用"按钮，结果如图 6-50 所示。

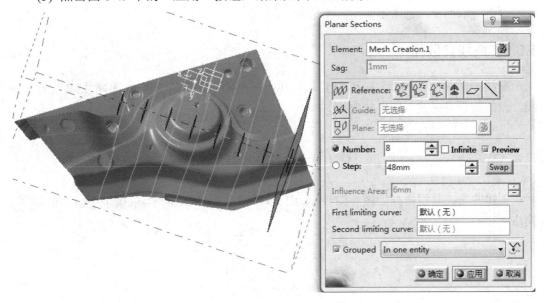

图 6-50　多平面截面线应用

(6) 点击图 6-50 中的"确定"按钮，结果如图 6-51 所示。

图 6-51　多平面截面线结果

6.6.3　点云交线

点云交线(Scan on Cloud)功能可手动从点云中选取数点连接成交线(也可在网格面上取点)。

鼠标单击取点，双击可确定交线的创建。创建过程中按住 Ctrl 键可预览交线的轨迹。

6.6.4　自由边界

自由边界(free edges)工具可将网格面的整个自由边界/选定边界提取为交线，而提取的交线直接生成为曲线。

由于提取的交线通常不平滑，不推荐使用。

6.6.5　曲线离散化

曲线离散化(Discretize curves)工具可利用网格面上已存在的曲线重新生成点云特征线，点的数量可在输入框中修改。

6.7　创 建 曲 线

创建曲线工具栏命令如图 6-52 所示，由 3D 曲线(⟳)、网络面曲线(⬤)和交线曲线(⟱)构成。

图 6-52　"曲线"工具栏

6.7.1　3D 曲线

3D 曲线(3D Curves)命令可以在点云空间产生 3D 曲线，具体操作如下：

(1) 单击 按钮，出现如图 6-53 所示的对话框。

(2) "创建类型"的下拉列表中可以选择曲线的创建类型，共有 3 种。

① 通过点：以鼠标单击点作为曲线通过的点创建曲线，如图 6-54 所示。

② 控制点：取点位置为 3D 曲线的控制点。

③ 近接点：可改变 3D 曲线的阶次(较复杂)。

图 6-53　"3D 曲线"对话框　　　　图 6-54　3D 曲线

(3) 点处理(可编辑 3D 曲线)。

① 插入点 ：在现有的两点间添加新点。

② 删除点 ：删除曲线上某点。

③ 释放或约束点 ：可以对 3D 曲线上的点进行释放或约束处理。

(4) 单击"确定"按钮生成曲线。如还需对曲线进行编辑，可双击曲线返回编辑模式。

6.7.2　网格面曲线

网格面曲线(Curve on mesh)工具可在网格面上绘制曲线。

6.7.3　交线曲线

交线曲线(Curve from scan)命令可以将交线提取出来转化为曲线，操作如下：

(1) 打开百度网盘下载资料，"CATIA 工程设计基础\第六章实例\curve from scan.CATPart"，具体如图 6-55 所示。

(2) 参考 6.6.2 节，创建截面线，结果如图 6-56 所示。

图 6-55　curve from scan 三维　　　　　　　图 6-56　创建截面线

(3) 单击 按钮，并单击曲线，出现如图 6-57 所示的对话框。

图 6-57　提取交线曲线

(4) 选择曲线的生成模式。

① smoothing(平滑)：在参数"parameters"设定范围内，平滑连接交线上的点；

② Interpolation(插值)：交线的点之间通过插值运算生成点及曲线；

(5) 设置曲线的参数"parameters"：公差值、最大阶数和曲线分段准则(角度)。

(6) 在曲线上选取需要提取的曲线部分的两端端点，具体如图 6-58 所示。

图 6-58　提取曲线端点

(7) 点击"应用"按钮。

(8) 点击 ，可对生成曲线的曲率进行分析，具体如图 6-59 所示。

图 6-59　曲率分析

(9) 点击"更多"选项，可以视情况修改相应数据或者选择默认数据，对话框如图 6-60 所示。

(10) 点击"确定"按钮，结果如图 6-61 所示。

图 6-60　"箭状曲率"对话框　　　　　图 6-61　提取交线曲线结果

注：① 在曲线质量允许条件下，公差值(Tolerance)尽可能取小。

② 单击交线上某位置可创建新点，曲线也将被分段，光标手势由 转变为 后，可对该点进行删减、强加切线连续等操作，也可删除端点(Fixed)。曲线创建好后，可将不必要的交线隐藏，以方便后续的操作。

第七章 快速曲面重构模块介绍

7.1 快速曲面重构功能介绍

点云经过数字曲面编辑器(DSE)处理后，可以在快速曲面重构(Quick Surface Reconstruction)模块中快速而有效地重构曲面。快速曲面重构模块拥有强大的曲面重构功能，可以建立自由边界、提取特征曲线、多边界重构自由曲面、辨识与重建基本曲面(平面、圆柱、球、圆台等)，其具体功能如下。

(1) Cloud Edition(点云编辑)：可以随意选择局部点云，工具栏如图 7-1 所示，具体讲解见 6.3.1 节。

(2) Scan Creation(创建交线)：截取点云断面交线，获得自由边界等，工具栏如图 7-2 所示，详细讲解可参考 6.5 节。

(3) Curve Creation(创建曲线)：由扫描线生成曲线或绘制 3D 曲线，工具栏如图 7-3 所示，详细讲解可参考 5.3 节和 6.6 节。

图 7-1 点云编辑工具栏　　图 7-2 创建交线工具栏　　图 7-3 创建曲线工具栏

(4) Domain Creation(创建轮廓)：由现有的曲线构造封闭轮廓，为创建曲面做准备，工具栏如图 7-4 所示。

(5) Surface Creation(创建曲面)：由轮廓线与点云(网格面)构造曲面，工具栏如图 7-5 所示。

(6) Operations(曲线曲面操作)：对曲线曲面进行结合、切割等操作，工具栏如图 7-6 所示。

　　图 7-4 创建轮廓工具栏　　　　　　　图 7-5 创建曲面工具栏

图 7-6 曲线曲面操作工具栏

(7) Cloud Segmentation(划分点云)：智能划分点云特征线(根据点云表面的曲率或者斜度划分)，工具栏如图 7-7 所示。

(8) Cloud Analysis(点云分析)：对点云、曲线和曲面进行品质分析，工具栏如图 7-8 所示。

图 7-7　划分点云工具栏　　　　图 7-8　点云分析工具栏

7.2　创 建 轮 廓

创建轮廓工具栏包含两个命令：创建规则轮廓(Clean Contour)和网格曲线(Curves Network)。

7.2.1　创建规则轮廓

在点云上绘制好曲线后，利用该命令用一些相交的曲线构造规则轮廓，具体操作如下：

(1) 打开百度网盘下载资料"CATIA 工程设计基础\第七章实例\1Network.CATPart"。

(2) 点击 按钮，出现如图 7-9 所示的对话框。

图 7-9　创建规则轮廓设置框

(3) 选择用来创建轮廓的曲线，此时每条曲线都被显示为默认的约束，如图 7-10 所示。

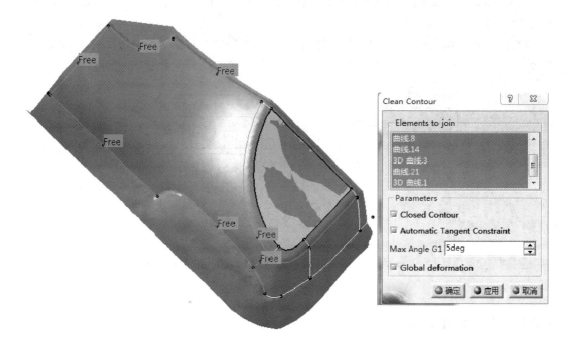

图 7-10　选取轮廓曲线

(4) 若要改变约束方式，可以直接点击标示，或用鼠标右键在菜单中选择，如图 7-11 所示。其中，Fixed 表示创建轮廓时将选定的曲线固定为轮廓的一条边，Free 则表示无此约束，当选择不同的约束方式时生成的曲线会发生改变，如图 7-12 所示。

图 7-11　轮廓线约束方式

图 7-12　不同约束方式的不同轮廓线

(5) 要移除选项列表中的曲线时，可以直接单击该曲线，或选择列表中的曲线名，用鼠标右键选择"Remove"选项进行移除，如图 7-13 所示。

图 7-13 轮廓线移除

(6) 选择"Closed Contour"复选框时，创建的轮廓为封闭轮廓，反之轮廓则是开口的。

(7) 选择"Automatic Tangent Constraint"复选框，当轮廓曲线之间的夹角大于设定的最大 G1 角(Max Angle G1)时曲线间为点连续，反之则将两曲线约束为相切连续。

(8) 选中"Global deformation"复选框，由各条曲线生成轮廓曲线所产生的变形则会分配到整个轮廓曲线上。

(9) 点击"应用"按钮，轮廓曲线会以绿色显示，单击"确定"按钮确定，结果如图7-14 所示。

图 7-14 创建轮廓线结果

7.2.2　网格曲线

网格曲线(Curves network)是指一组封闭且相连的轮廓曲线(线框)。此工具可利用现有的曲线构造网格曲线，为后续构造网格曲面做准备(与 Surfaces network 搭配使用)。

(1) 打开百度网盘下载资料"CATIA 工程设计基础\第七章实例\1Network.CATPart"。

(2) 点击 ❖ 按钮，出现图 7-15 所示的对话框，对话框包含 4 个列表菜单：Preparation、Constraints、Freeze 和 Display。

图 7-15　"网格曲线"设置框

(3) 在"Preparation"菜单中选择用来创建网格的曲线，这时选择的曲线会出现在列表中，若要移除已选曲线，则可重复点击该曲线或在列表中用鼠标右键选择"Remove"，如图 7-16 所示。

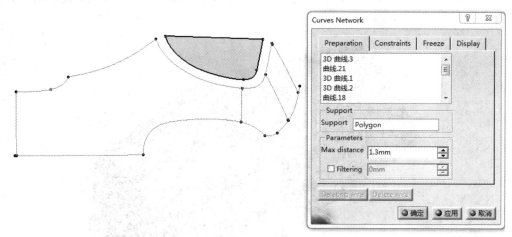

图 7-16　创建网格曲线

(4) 在"Support"中选择三角网格作为网格曲线的支承面。

(5) 参数选项中可以设置创建网格曲线的参数。

① Max distance：当两条曲线的正交距离小于此设定值时，系统就认为这两条曲线相交。在这里设定值取"1.3 mm"。

② Filtering：生成曲线的最小长度值，长度小于此值的曲线将不显示。

(6) 点击"应用"按钮预览，当曲线没有重叠时，系统计算网格曲线并以绿色显示，且按钮"Deleting Wire"被激活，结果如图 7-17 所示。

图 7-17　网格曲线预览情况

(7) 在后续做面过程中，有时只需要网格曲线中的部分线框，用"Delete wire"按钮就可以把选定的线框从网格曲线中删除。单击"Deleting wire"按钮，网格曲线的外圈线框高亮显示，此时"Delete wire"按钮也被激活，点击即可删除此线框；若还需删除其他线框，则再次点击"Deleting wire"按钮，选中欲删除线框的两条边界即可将其选中。

(8) 进入 Constraints 菜单定义约束，如图 7-18 所示，Constraints 选项组有如下参数。

图 7-18　约束菜单设置

① Node Tolerance：系统判别多条曲线是否在同一节点处相连的最大距离值。

② Automatic tangency：设置自动相切的最大值，当两曲线夹角小于此值时，系统自

动定义两曲线相切。

③ Projection on support：系统根据曲线在三角网格面上的投影对网络曲线进行平滑处理，Smoothing tolerance 可以设置平滑程度。

④ "Default constraints"按钮：点击按钮恢复默认约束。

(9) 进入 Freeze 菜单，定义一些形状不能变化的曲线，直接点击曲线可将其锁定，重复点击即可取消锁定。

(10) Display 菜单：用于显示距离、偏差和曲率等信息。

(11) 点击"确定"按钮，会弹出窗口如图 7-19 所示，点击"是（Y）"按钮，完成创建。

图 7-19　曲线网格信息弹出框

7.3　曲线/曲面操作

在点云上绘制的曲线一般都很杂乱，不利于构面，利用"曲线曲面操作"工具栏，可以对曲线进行切片、调整曲线节点和分割规则轮廓，还可以对曲线/曲面进行分割修剪、延伸、拼合等操作。

1. 曲线/曲面的拼合

曲线/曲面的拼合(Join)命令，可以将多条曲线或多个曲面进行拼合，使其成为一个对象。该命令的详细讲解参考创成式外形设计模块，见 2.5 节。

2. 曲线/曲面的切割与修剪

曲线/曲面的切割与修剪(split)命令，可以对几何元素进行切除的操作，分割是利用分割元素切除本体，而修剪则是利用两个几何元素相交互相切除。

3. 曲面延伸

曲面延伸(Extrapolate)命令，可以将曲面(曲线)按照边界(顶点)进行延伸，可以定义延伸的连续类型，延伸长度和方向。详细讲解参考创成式外形设计模块，见 2.5 节。

4. 曲线切片

曲线切片(Curves Slice)命令，可以根据曲线的相交情况对曲线进行切片，即利用曲线的交点将曲线分为许多小段。此处曲线的相交并不一定指严格相交，只要两条曲线在某一视角相交且空间距离小于"Max distance"设定的值，系统就默认两条曲线相交，具体操作如下。

(1) 打开百度网盘下载资料"CATIA 工程设计基础\第七章实例\2Curves Slice.CATPart"。

(2) 点击 ⟍ 按钮，并选择要切片的曲线，如图 7-20 所示，已选曲线会显示在列表中，再次单击曲线则可将其移除。

图 7-20　曲线切片选择

(3) 单击"More"选项出现子菜单，如图 7-21 所示，选项设置如下。

① Max distance：当曲线之间的空间距离小于设定值时，系统默认两曲线相交。

② Min length：曲线切片之后可能会生成长度很小的曲线段，可以通过设定曲线最小长度值，系统将隐藏长度小于此值的曲线。

图 7-21　曲线切片设置

(4) 单击"应用"按钮，若曲线不相交，可以通过设定"Max distance"的值使其相交。

(5) 点击"确定"按钮，结果如图 7-22 所示。生成的曲线段是新生成的，原来选择的曲线则被隐藏。

图 7-22　曲线切片结果

5. 调整节点

通过网格曲线重建曲面时，由于曲线在节点处的连续性难以保证，因此很难得到光顺的曲面。此功能可以通过调整节点(Adjust Nodes)，使各曲线在节点处相连即达到 G0 连续，还可以使各曲线在节点处相切于同一切平面，达到 G1 连续，从而保证曲面的质量，具体操作如下。

(1) 打开百度网盘下载资料"CATIA 工程设计基础\第七章实例\1Network.CATPart"，点击 按钮，出现如图 7-23 所示对话框。

图 7-23　"调整节点"对话框

(2) 选择需要调整的曲线，已选择的曲线会显示在对话框列表中，再次单击此曲线可取消选择，如图 7-24 所示。

图 7-24　选择调整的曲线

（3）曲线被选中会自动显示其连续类型，若要改变连续类型，可用鼠标右键点击标识从菜单中选择，或者直接点击标识进行更改，如图 7-25 所示。

图 7-25　选择曲线连续类型

① Continuous and tangent：使曲线保持 G0 连续，并且曲线在节点处与切平面相切。

② Continuous：仅仅使曲线保持 G0 连续。

③ Fixed：锁定曲线，使其不发生变形。

（4）在"Parameters"选项组可以设置曲线变形的参数，具体如下。

① Max deviation：设置曲线变形的最大误差，如果变形误差超过此值，系统将显示错误信息。

② Max Angle G1：设置最大相切角，当两条曲线在端点处的相切夹角小于此值时，系统将强制这 2 条曲线在端点处相切。

③ Global deformation：默认状态下，曲线产生的变形只限于端点处，选中此项可使曲线将变形均匀分布于整条曲线。

（5）单击"应用"按钮，预览调整结果，调整后的曲线呈高亮显示，同时显示节点处的切平面及曲线变形的最大误差。

（6）点击"确定"按钮。

6. 净轮廓切割

净轮廓切割功能可以利用一条曲线将一个封闭的净轮廓切割为两个开放的净轮廓。在利用 Power Fit 命令拟合曲面时，有时面的精度达不到要求，则可利用此工具将净轮廓分割为两部分，再单独拟合曲面，提高曲面的精度，满足精度要求，具体操作如下。

（1）打开百度网盘下载资料"CATIA 工程设计基础\第七章实例\3split clean contour.CATPart"。

（2）点击 按钮，出现图 7-26 所示的对话框。

图 7-26   "净轮廓"对话框

(3) 选择要分割的净轮廓，可以点击轮廓的一个顶点来选择，也可依次选择各个部分来选择轮廓。注意此处的净轮廓必须为封闭，否则系统会显示轮廓的间隙值，并出现一个对话框提示用户净轮廓必须是封闭的。

(4) 在"Cutting elements"中选择切割元素(此例中为曲线)，具体如图 7-27 所示，切割元素必须满足以下条件：

① 切割元素必须与封闭轮廓相交(当切割元素与轮廓的空间距离小于 Max distance 所设定的值时，系统默认两者相交)，否则系统不执行分割操作，并显示分割元素与轮廓的最大间隙值，通过转换视角可以看到曲线间的空间距离。此时可设置更大的 Max distance 值。

② 切割元素与轮廓的交点有且仅有两个，否则无法执行切割操作。

③ 当切割元素也为封闭轮廓时，系统将无法对其进行操作。

④ 切割元素可以由多条曲线组成，但这些曲线必须相连，当曲线间有间隙时会出现警告对话框。

图 7-27   净轮廓操作设置

(5) 单击"应用"按钮预览，点击"确定"按钮，其结果如图 7-28 所示。

图 7-28　净轮廓结果

7. 边界倒角

边界倒角(Edge Fillet)命令可以对棱边进行倒角，操作如下：

(1) 打开百度网盘下载资料"CATIA 工程设计基础\第七章实例\4Edge Fillet.CATPart"。

(2) 点击 按钮，出现如图 7-29 所示对话框。

图 7-29　"倒圆角定义"对话框

(3) 可视情况选择支持面、要圆角化的对象以及倒圆角半径，如图 7-30 所示。

图 7-30 倒圆角参数设置

(4) 单击"预览"按钮预览，点击"确定"按钮，结果如图 7-31 所示。

图 7-31 倒圆角结果

7.4 创 建 曲 面

创建曲面工具条可以辨识及重建曲面，能够快速而有效地重构曲面，包含 5 个命令：基本曲面辨识(Basic Surface recognition)、拟合自由曲面(Power fit)、多截面曲面(Multi-sections Surface)、网格曲面(Surfaces network)和自动生成曲面(Automatic surface)。

7.4.1 基本曲面辨识

当点云上的局部点云为某些规则的几何曲面(如平面、球面、圆柱面或圆锥面)时，可以利用基本曲面辨识工具对其进行辨识，并自动拟合为相应的规则几何曲面，具体操作如下。

(1) 打开百度网盘下载资料"CATIA 工程设计基础\第七章实例\5Basic surface

recognition. CATPart"。

  (2) 单击![icon]按钮，并选择点云，出现如图 7-32 所示的对话框。

图 7-32　基本曲面辨识对话框

  (3) 在"Method"选项组中选择基本曲面的类型，可以直接选择 Plane(平面)、Cylinder(圆柱面)或 Cone(锥面)等，也可以选择 Automatic 选项让系统自动辨识，在此例中选择 Sphere(球面)。

  (4) 对话框中可设置 Radius、Axis 等几何曲面的属性参数，具体如下。

  ① Radius：勾选此复选框，可以设置生成的几何曲面的半径，适用于球面和圆柱面。

  ② Axis：勾选此复选框，可以设置生成的几何曲面的轴线方向，适用于平面及圆柱面。

  ③ Center：勾选此复选框，可以设置生成的几何曲面的中心，适用于球面和圆柱面。

  ④ Max plane error：可以设置最大平面误差，只适用于自动识别(Automatic)。

  (5) 点击"应用"按钮预览结果，如图 7-33 所示。

图 7-33　自动识别预览

  (6) 点击"确定"按钮确定，结果如图 7-34 所示。

图 7-34 球面自动识别结果

(7) 分别依次重复以上操作，结果如图 7-35 所示。

图 7-35 自动识别结果

7.4.2 强力拟合

强力拟合(Power fit)工具可将局部点云拟合为自由曲面，即由构成边界的曲线+内部的网格面/点云拟合成曲面。这个工具在逆向设计中使用频率高。

(1) 打开百度网盘下载资料"CATIA 工程设计基础\第七章实例\6power fit.CATPart"。

(2) 点击 📷 按钮，选择网格面，出现如图 7-36 所示对话框。

图 7-36　"强力拟合"对话框

(3)　"Preparation"子菜单中包括以下设计。

①　Cloud：当选中点云或网格面进行拟合时，会显示点云或网格面的名称。

②　Init Surface：当选中此复选框时，可以指定一个初始曲面，这个曲面给出了所生成曲面的形状，有利于系统计算。

③　当选择轮廓曲线(Curves Use)作为约束条件时，共有 3 种约束方式。

a．Constraint：输入的曲线对生成的曲面边界的连续性进行约束。一般默认点连续，当输入曲线为其他曲面的边界时，可以设置生成曲面在此边界处与其所在曲面相切。

b．Trim：曲面生成之后，将曲线投影到曲面上并根据投影线对曲面进行修剪，曲线不对生成曲面产生约束。

c．Selection：拟合曲面时只对输入曲线内部的点进行计算，对生成曲面形状及边界连续性都不产生约束。

(4)　在"Preparation"菜单，选取封闭轮廓曲线，如图 7-37 所示。

图 7-37　强力拟合"Preparation"子菜单

(5)　在"Parameters"子菜单中，出现如图 7-38 所示的对话框，包括以下设置。

图 7-38　强力拟合 Parameters 子菜单

① Tolerance：设置拟合曲面平均曲面的最大值。

② Order 和 Segments：设置生成曲面的阶数(Order)及段数(Segments)。这里设定的参数是一个最大值，实际的数值由系统自动计算而得。生成曲面的阶数范围为 3～15，曲面段数默认值为 64，最大可设置为 2048。

③ Advanced：勾选此复选框可以强行定义生成曲面在 U 方向和 V 方向的阶数和段数。点击"Swap U/V"按钮可以在 U 和 V 两个方向之间切换。

④ Gap G0：可以设置曲面与边界曲线的间距值。

⑤ Gap G1：可以设置两个相接面的切向偏差值。

⑥ Tension：设置曲面的张紧度，值越大则张紧度越小，生成的曲面越平滑。但是由于曲面形状取决于点云，张紧度的影响十分有限。

⑦ Radius：当点云存在很多噪声点时，曲面在边界处容易产生波动，勾选此复选框可以将曲线上圆形管道内的点删除。在空格内可设置圆形管道的半径，设置好后在曲线的端点处会出现一个蓝色的球体代表管道的半径。

(6) 在"Information"菜单中，出现如图 7-39 所示的对话框，包括以下设置。

图 7-39　"强力拟合"对话框

① Spikes：显示计算曲面的偏差。

② Segmentation：显示生成曲面在 U 方向和 V 方向的阶数和段数。

③ Deviation：输入偏差值，点击"应用"按钮后可以将大于这个数值的偏差以尖刺显示。

④ Connect Checker：勾选此项，可以显示生成曲面与已有曲面的连接分析，点击"应

用"按钮在下方空白处显示分析结果，具体如图 7-40 所示，单击"确定"按钮完成强力拟合。

图 7-40　强力拟合 Information 确认信息

注意：强力拟合后，需要将全部点云重新激活。其次，Parameters 选项卡中 Tolerance 设置在 0.01～1 之间，曲面质量许可下，取下限(拟合曲面平均偏差的最大值)。

7.4.3　多截面曲面

多截面曲面(Multi-sections Surface)工具可以根据多个不同轮廓，通过系统自动计算以渐变的方式产生连接曲面，操作如下：

(1) 打开百度网盘下载资料"CATIA 工程设计基础\第七章实例\7Multi-sections surface. CATPart"。

(2) 点击 按钮，出现图 7-41 所示对话框。

图 7-41　"多截面曲面定义"对话框

(3) 依次选择欲用来放样的轮廓，如图 7-42 所示。

图 7-42　多截面曲面设置

(4) 单击"预览"按钮，预览曲面形状，如图 7-43 所示，点击"确定"按钮确定。

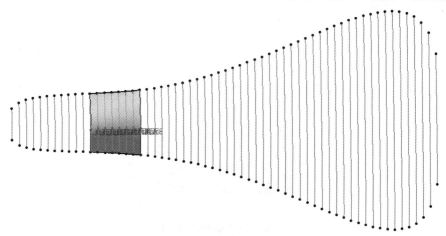

图 7-43　多截面曲面操作过程

注：多截面曲面之间的区域可以通过桥接方式连接，两端可以通过二次曲线+填充方式创建曲面(分段是为了提高生成曲面质量)。

注意各曲线轮廓的方向(曲线端点出的箭头方向要一致)。

7.4.4　网格曲面

网格曲面(Surfaces network)工具可以由已有的网格曲线(可参考 7.5.2 节)生成网格曲面，具体操作如下：

(1) 打开百度网盘下载资料" CATIA 工程设计基础\第七章实例\8Surfaces

Network.CATPart"。

(2) 点击 按钮，出现如图 7-44 所示对话框。

图 7-44　网格曲面对话框

(3) 选择已有的网格曲线及曲线所在网格面，如图 7-45 所示。绿色标示 V 表示其所在线框将被填充，直接点击标识或在标识右键菜单中可改变填充类型，如图 7-46 所示。取消填充后线框内标识变成红色 X。

图 7-45　网格曲面设置

图 7-46　网格曲面操作

（4）在图 7-45 所示的对话框中勾选"Cloud"项，可以选择点云或网格面，在生成网格曲面时可以作为参考。"Init Surface"复选框可以设置初始平面。上述两项可以改善生成曲面的精度，但并非必须选择项。

（5）点击两个线框公共界边处的箭头，可设置由各个线框生成的曲面的连续性，如图 7-47 所示。

（a）两个线框生成的曲面之间为点连续　　　（b）两个线框生成的曲面之间为相切连续

图 7-47　曲面间连续性设置

（6）在"Parameters"子菜单中可以设置生成曲面的参数，具体可参考 7.4.2 节。当"Cloud"项被选中且网格曲线各线框之间约束为相切连续时，"Computer With Ribbons"复选框可以被选择，这时系统将线框曲线投影到点云（或网格面）上，并在点云上围绕投影生成一个相切带，然后再对线框进行填充。点击"Reset Parameters"按钮可以重设参数。

（7）点击"应用"按钮预览结果，如图 7-48 所示。

图 7-48　网格曲面预览结果

（8）在"Results"或"Display"子菜单中可以显示生成曲面的偏差信息，并能设置显示选项，具体可参考 7.4.2 节。

(9) 单击"确定"按钮，结果如图 7-49 所示。

图 7-49　网格曲面与点云对照情况

7.4.5　自动生成曲面

(1) 打开百度网盘下载资料"CATIA　工程设计基础\第七章实例\9Automatic Surface.CATPart"。

(2) 点击 按钮，再点击网格面，如图 7-50 所示。

图 7-50　自动生成曲面对话框

(3) 点击"预览"按钮，如图 7-51 所示，再点击"确定"按钮。

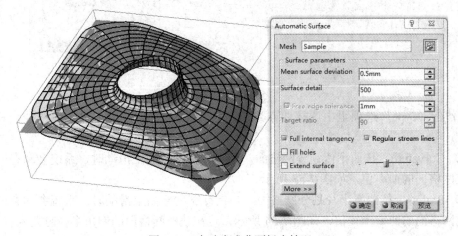

图 7-51　自动生成曲面拟合情况

7.5　划　分　点　云

对于一些复杂曲面，在曲面重构时一般都要先进行拆面，也就是将点云划分为各个区域单独构面。划分点云功能组可以根据三角网格的曲率变化或斜率变化在面上生成扫描线，从而划分网格面。此命令在不规则点云的曲面重构中起着很重要的作用。

7.5.1　曲率划分

曲率划分(Segmentation by Curvature)命令，可以分析三角网格面的曲率变化，从而在网格面上划分区域，具体操作如下。

(1) 打开百度网盘下载资料"CATIA 工程设计基础\第七章实例\10Segmentation.CATPart"。

(2) 点击 按钮并选择网格面，出现图 7-52 所示对话框。

图 7-52　"曲率划分"对话框

(3) 在"Type"选项组中选择划分类型，有"Curvature"和"Radius"两种，其含义如下：

① Curvature，按曲率值划分网格面，当指针在网格面上滑动时，系统会动态地显示指针处网格面的曲率值，如图 7-53 所示。

② Radius，按曲率半径划分网格面，当指针在网格面上滑动时，系统会动态地显示指针处网格面的曲率半径值，如图 7-54 所示。这在获取网格面的倒角半径时尤为有用。

图 7-53　按曲率值选择　　　　　图 7-54　按曲率半径值选择

当选择 Curvature 时，有 5 种曲率类型可供选择，具体如下：

① Maximum，最大曲率，通过网格面上的给定点及给定点处面的法线方向可形成一平面，这个平面与网格面相交产生一曲线，给定点在曲线上的曲率值即为此点在曲面上的曲率。生成的平面并非唯一，可以绕着法线方向旋转，因而给定点处的曲率也会由于相交曲线的改变而在两个极值之间变化，其中的极大值即为最大曲率。

② Minimum，最小曲率，给定点处曲率的极小值即为最小曲率。

③ Absolute，曲率绝对值，计算公式为|最大曲率＋最小曲率|，可以用来检测给定点处局部曲面的平面性，此值接近 0 即表示局部曲面趋向于平面。

④ Mean，平均曲率，其计算公式为(最大曲率×最小曲率)/2，即为最大曲率和最小曲率的平均值。

⑤ Gauss，高斯曲率，计算公式为最大曲率×最小曲率。

(4) 点击网格面可显示扫描线，如图 7-55 所示，可以根据需要改变曲率类型或"Parameters"选项组的参数来改变扫描线的形状。

图 7-55　按曲率值划分网格面情况

(5) 调节 "Parameters" 选项组中 "Filter" 的值可以对扫描线进行过滤，移除不需要的部分，如图 7-56 所示。

(a) Filter 设置为 0   (b) Filter 设置为 200

图 7-56　按曲率值划分网格面 "Filter" 设置情况

(6) 点击 "确定" 按钮，结果有两种形式，可在 "Results" 选项组中选择。

① Scans：结果为生成扫描线，复选框 "Distinct" 表示每段扫描线都单独成为一个对象，"Grouped" 表示生成的所有扫描线成为一个整体。

② Cloud：结果生成数个三角网格面。

7.5.2　倾斜方向划分

倾斜方向划分(Segmentation by slope)工具，根据三角网格面的法向相对于视角方向的倾斜角度进行分析，从而对其进行划分，具体操作如下：

(1) 打开百度网盘下载资料 "CATIA 工程设计基础\第七章实例\10Segmentation.CATPart"。

(2) 点击 ⊵ 按钮，并选择网格面，出现如图 7-57 所示对话框。

图 7-57　"倾斜方向划分" 对话框

（3）"Values"选项组中的"Angle"项，可以设置与视角方向的偏差角度，默认角度为 0，如图 7-58 所示，显示为此角度下生成的交线。

图 7-58　倾斜方向划分情况

（4）"Compass"选项组中的"Angle"项，设置视角方向，也可以直接拖动罗盘选择，如图 7-59 所示，显示为此角度下生成的交线。

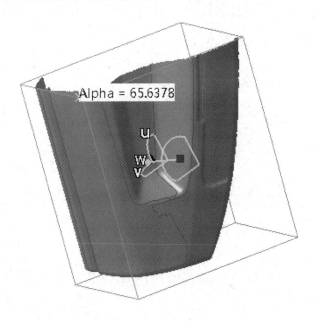

图 7-59　倾斜方向不同角度划分情况

（5）"Values"选项组中的"Filter"项，可以对生成的扫描线进行过滤(可参考7.5.1 节)。

（6）点击"确定"按钮，结果同样有 Scans 和 Clouds 两种形式(可参考 7.5.1 节)。

7.6 点 云 分 析

点云分析功能可对点云进行分析，主要包括点云信息🔲、偏差分析🔲、曲率映射🔲、箭状曲率分析🔲和连接性分析🔲。

(1) 点云信息🔲：可用于显示点云的数量、网格面数量、激活点云数量和尺寸等信息。

(2) 偏差分析🔲：可用于分析点云和曲面之间的距离。

(3) 曲率映射🔲：对网格进行可编辑的曲率映射。

(4) 箭状曲率分析🔲：可对曲线或曲面边界进行曲率分析，详细讲解可参考 8.6.3 节。

(5) 连接性分析🔲：可对两曲面边界之间的连接性进行分析，详细讲解可参考 8.6.1 节。

第八章 逆向工程设计实例

8.1 椅子的逆向

(1) 在 DSE 模块中，单击 按钮会出现"Cloud Import"对话框，导入点云(打开百度网盘下载资料："CATIA 工程设计基础\第八章实例\8-1 椅子\chair.stl")，如图 8-1 所示。

图 8-1 导入椅子点云   图 8-2 QSR 模块中"激活点云"对话框

(2) 切换进入 QSR 模块，点击 按钮弹出如图 8-2 所示的"Activate"(激活点云)对话框。

(3) 在激活对话框内使用格式刷(Brush)，刷取椅子的上表面，如图 8-3 所示。

图 8-3 刷取椅子上表面点云   图 8-4 椅子上表面点云激活情况

（4）单击"确定"按钮，结果如图 8-4 所示。

（5）单击 按钮，并点击点云平面，如图 8-5 所示。

图 8-5　椅子上表面点云强力拟合

（6）单击"应用"按钮预览，平面周围出现绿色箭头，如图 8-6 所示。分别向外拉伸平面，结果如图 8-7 所示。

图 8-6　椅子上表面点云强力拟合中间过程

图 8-7　椅子上表面点云强力拟合结果

(7) 点击"确定"按钮，生成如图 8-8 所示平面。单击菜单栏的 **插入**，选择列表下的 **几何图形集…** 选项，创建一个几何图形集，名称为"面"，点击"确定"按钮确定。在树状栏中生成"面"几何图形集，按住鼠标左键将 Plane1 拖入"面"几何图形集中。

(8) 再次点击 ⬚ 按钮，先点击椅子的上表面点云，然后在弹出如图 8-2 所示的对话框中，点击"Activate All"按钮，激活全部点云，点击"确定"按钮，结果如图 8-9 所示。

图 8-8　椅子上表面点云强力拟合平面与点云符合情况　　　图 8-9　椅子点云全部激活

(9) 点击 ⬚ 按钮，使用格式刷(Brush)刷取椅子的一个侧面，如图 8-10 所示。

图 8-10　刷取椅子侧面点云

(10) 点击"确定"按钮，结果如图 8-11 所示。

图 8-11　椅子侧面点云激活情况

(11) 点击 按钮，并点击点云平面，具体如图 8-12 所示。

图 8-12   强力拟合椅子侧面点云设置

(12) 选择"Plane"选项，单击"应用"按钮预览，平面周围出现绿色箭头，如图 8-13 所示。分别向外拉伸平面，结果如图 8-14 所示。

图 8-13   椅子侧面点云平面拟合过程

图 8-14   椅子侧面点云平面拟合过程调整

(13) 点击"确定"按钮，生成平面，如图 8-15 所示。

(14) 再次点击 █ 按钮，先点击椅子的点云，然后在弹出的如图 8-10 所示的对话框中点击"Activate All"按钮，激活全部点云，点击"确定"按钮确定，结果如图 8-16 所示。

　　图 8-15　椅子侧面点云平面拟合结果　　　　　图 8-16　椅子点云全部激活

(15) 重复上述步骤，对其他 3 个侧面做同样处理，结果如图 8-17 所示。

图 8-17　椅子面拟合中间过程

(16) 单击 █ 按钮，选 2 两个相交面，通过点击 █另一侧/下一元素█ 和 █另一侧/上一元素█ 按钮来调整要修剪的面，如图 8-18 所示。

图 8-18　修剪 1

(17) 点击"预览"按钮，再点击"确定"按钮，结果如图 8-19 所示。

(18) 重复上述操作，对其他 3 个面进行修剪，结果如图 8-20 所示。

图 8-19　修剪 2　　　　　　　　图 8-20　修剪 3

(19) 继续对上表面进行修剪。点击 按钮，选择要修剪的平面，通过点击

另一侧/下一元素 和 另一侧/上一元素 按钮来调整要修剪的面，结果如图 8-21 所示。

图 8-21　修剪 4

(20) 点击"预览"按钮，再点击"确定"按钮，结果如图 8-22 所示。

(21) 隐藏左侧的 Plane 和修剪命令，如图 8-23 所示。

图 8-22　平面修剪结果　　　　　图 8-23　激活点云隐藏拟合平面

(22) 点击 ![brush] 按钮，使用格式刷(Brush)刷取椅子的一个顶角，如图 8-24 所示。

(23) 点击"确定"按钮，结果如图 8-25 所示。

图 8-24　刷取椅子顶角　　　　　　　　　　图 8-25　椅子顶角点云激活情况

(24) 点击 ![curve] 按钮，创建如图 8-26 所示的 3D 曲线。

(25) 隐藏点云 chair.1，结果如图 8-27 所示。

图 8-26　在椅子顶角建立 3D 曲线　　　　　　　图 8-27　隐藏点云

(26) 切换到创成式外形设计模块，点击 ![plane] 按钮，创建如图 8-28 所示的平面。

图 8-28　构建平面

（27）点击"预览"按钮，再点击"确定"按钮，结果如图 8-29 所示。

（28）显示树状栏中的修剪.4，点击刚刚创建的平面，再点击 按钮进入草图工作台，如图 8-30 所示。

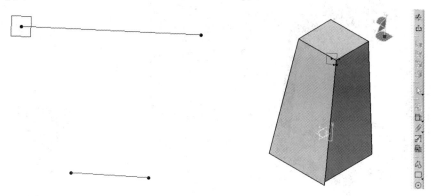

图 8-29　平面构建情况　　　　　　　　图 8-30　显示拟合的平面

（29）点击 按钮，画出一个较大的矩形，如图 8-31 所示。

（30）用鼠标右键点击树状栏中的"面"几何图形集，弹出如图 8-32 所示的列表，在弹出的列表中选择"定义工作对象"，用鼠标左键单击。

图 8-31　新建平面构建矩形　　　　　　图 8-32　树状栏面操作

（31）点击 按钮，再点击刚画的矩形，如图 8-33 所示。

图 8-33　填充曲面对话框

(32) 点击"预览"按钮，再点击"确定"按钮，结果如图 8-34 所示。

(33) 点击 ⊞ 按钮(此工具栏可以从自定义工具栏中选择"Part Design")，再选择变换特征的下标，如图 8-35 所示。

图 8-34　曲面填充结果　　　　　图 8-35　阵列(Pattern)

(34) 点击 ◇ 按钮，再点击刚填充的平面，在弹出的对话框中设置数据，具体设置如图 8-36 所示。

图 8-36　圆形阵列设置

(35) 单击"预览"按钮，再点击"确定"按钮，结果如图 8-37 所示。

图 8-37　阵列结果

(36) 单击 按钮，选择两个相交面，通过点击 另一侧/下一元素 和 另一侧/上一元素 按钮来调整要修剪的面，结果如图 8-38 所示。

图 8-38　阵列后修剪一角

(37) 点击"预览"按钮，再点击"确定"按钮，结果如图 8-39 所示。

(38) 对其他 3 个面重复上述修剪操作，结果如图 8-40 所示。

图 8-39　修剪一角结果　　　　　　　图 8-40　重复修剪(其他 3 个角)

(39) 单击菜单栏的 插入，选择列表下的 几何图形集…… 选项，创建一个几何图形集，名称为"线"，如图 8-41 所示；点击"确定"按钮，在树状栏中生成"线"几何图形集，将 3D 曲线拖入"线"几何图形集中，如图 8-42 所示。

图 8-41 新增几何图形集　　　　　图 8-42 整体"线"树状栏

(40) 隐藏修剪.6 及 3D 曲线，显示并激活全部点云 chair.1，结果如图 8-43 所示。

图 8-43 隐藏几何再次激活全部点云

(41) 切换到 DSE 模块，点击 ![按钮] 按钮，将椅子侧面投影到平面上，具体如图 8-44 所示。

图 8-44 投影椅子侧平面

(42) 单击"应用"按钮，再点击"确定"按钮，隐藏点云 chair.1，结果如图 8-45 所示。

(43) 切换到创成式外形设计模块，点击按钮，进入草图工作台，点击按钮，制作如图 8-46 所示的直线。

图 8-45　投影侧平面结果　　　　　　图 8-46　草图直线

(44) 鼠标右键点击直线，弹出如图 8-47 所示的下拉列表，在下拉列表中选择"固定"选项。

图 8-47　对草图直线约束

(45) 单击 下拉列表，弹出如图8-48所示的对话框，选择 命令，再单击要删除的线段，结果如图8-49所示。

图 8-48　删除多余线段命令　　　　　图 8-49　删除多余线段结果

(46) 点击 按钮，选择要镜像的直线，再点击镜像的对称轴，结果如图 8-50 所示。

(47) 点击 按钮，制作如图 8-51 所示的曲线。

(48) 点击 ✏ 按钮，制作如图 8-52 所示的构造元素直线。

图 8-50　镜像命令　　　　图 8-51　草图曲线 1　　　　图 8-52　草图曲线 2

(49) 按住 Ctrl 键，选中斜直线和半圆曲线，单击 ⊞ 按钮，在弹出的对话框中选择"相切"选项，结果如图 8-53 所示。

图 8-53　曲线约束定义 1

(50) 点击"确定"按钮，完成约束。对半圆曲线和与半圆相连的水平直线进行上述同样约束操作。

(51) 对曲线进行调整，如图 8-54 所示。

(52) 单击与半圆相连的水平直线，再单击 ⚙ 按钮，结果如图 8-55 所示。

图 8-54　调整曲线 1　　　　图 8-55　调整曲线 2

(53) 点击 按钮，选择要镜像的半圆曲线，再点击镜像的对称轴，结果如图 8-56 所示。

(54) 双击 按钮，再单击要删除的线段，结果如图 8-57 所示。

图 8-56　镜像曲线　　　　　　　　　　图 8-57　删除多余线段

(55) 单击 按钮，再单击 按钮(否则画出来的矩形是虚线)，制作如图 8-58 所示矩形。

(56) 按住 Ctrl 键，选中矩形的两条 V 形边和中间对称轴，单击 按钮，选中对称按钮，结果如图 8-59 所示。

图 8-58　画矩形　　　　　　　　　　图 8-59　约束矩形两短边

(57) 分别调整矩形的 V 形边和上 H 形边与点云贴合，并固定，然后删除矩形的下 H 形边，结果如图 8-60 所示。

(58) 制作一条如图 8-61 所示的水平直线。

图 8-60　约束矩形上长边　　　　　　　图 8-61　绘一直线

(59) 单击 ⌂ 按钮，随意制作一封闭图形，如图 8-62 所示。

(60) 双击 ⌀ 按钮，再单击要删除的线段，结果如图 8-63 所示。

图 8-62　将直线封闭　　　　　图 8-63　删除封闭曲线的多余线

(61) 点击 凸 按钮，退出草图编辑器。

(62) 鼠标右击 └🔧 Projection On Plane.1，在弹出的下拉列表中选择"隐藏"，结果如图 8-64 所示。

图 8-64　隐藏点云现封闭曲线

(63) 在树状栏中用鼠标右键单击"修剪.6"，使其显示，结果如图 8-65 所示。

(64) 点击 🗲 按钮，弹出如图 8-66 所示的对话框。

图 8-65　显示修剪 6　　　　　图 8-66　"拉伸曲面定义"对话框

(65) "轮廓"选择"草图.4","方向"默认法线方向(草图法线),具体设置如图 8-67 所示。

图 8-67   拉伸

(66) 点击"预览"按钮,再点击"确定"按钮,弹出如图 8-68 所示的对话框,选择保留所有子元素选项。

(67) 点击"确定"按钮,结果如图 8-69 所示。

图 8-68   "多重结果管理"对话框

图 8-69   拉伸结果

(68) 单击 按钮进行分割,具体如图 8-70 所示。

图 8-70   "修剪"对话框

(69) 点击"预览"按钮，再点击"确定"按钮，隐藏拉伸.6，结果如图 8-71 所示。

(70) 重复步骤(43)~(69)，完成对另一对的操作，结果如图 8-72 所示。

图 8-71　用拉伸修剪　　　　　　　　图 8-72　重复操作

(71) 在 DSE 模块中，点击■按钮，建立如图 8-73 所示的平面截面(Planar Sections)。

图 8-73　建立平面截面

(72) 点击"应用"按钮，再单击"确定"按钮，结果如图 8-74 所示。

图 8-74　平面截面结果

(73) 单击■按钮提取曲线，如图 8-75 所示，分别测量椅子的厚度和连接处的圆角半径。

图 8-75   提取曲线

(74) 点击"应用"按钮，再单击"确定"按钮，结果如图 8-76 所示。

图 8-76   提取曲线结果

(75) 点击 ⇥ 按钮，用指针点击提取直线段的两个端点，得知椅子厚度为 1 mm，如图 8-77 所示。

图 8-77   测量直线间距

(76) 点击"确定"按钮，完成厚度测量。

(77) 切换到 QSR 模块，点击 按钮，弹出如图 8-78 所示的对话框，在"类型"菜单的下拉列表中选择"半径"选项。

图 8-78　曲率对话框

(78) 点击提取好的圆角曲线，测量半径如图 8-79 所示，取值为 5.49 mm。

图 8-79　半径测量

(79) 关闭箭状曲率的对话框，但无需点击"确定"，只是利用此命令来测得圆角半径。

(80) 切换到创成式外形设计模块，显示修剪.8，点击 命令的下拉菜单栏，点击菜单栏中的 按钮，弹出如图 8-80 所示的对话框，数据设置如图。

图 8-80　倒圆角对话框

(81) 点击"预览"按钮，再点击"确定"按钮，效果如图 8-81 所示。

(82) 点击 下拉菜单中的 按钮，结果如图 8-82 所示。

图 8-81　倒圆角结果　　　　　　图 8-82　着色情况

(83) 切换到零件设计模块，点击 按钮，弹出如图 8-83 所示的对话框，点击"确定"即可。

图 8-83　"警告"弹出框

(84) 点击"确定"后弹出如图 8-84 所示的对话框，"第一偏移"取"1 mm"，即椅子厚度为 1 mm，再点击 "反转方向"按钮。

图 8-84　加厚设置

(85) 点击"预览"按钮，再点击"确定"按钮，结果如图 8-85 所示。

(86) 隐藏树状栏中"倒圆角"选项，结果如图 8-86 所示。

图 8-85　曲面加厚结果　　　　　　　图 8-86　隐藏曲面

(87) 点击 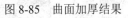 按钮，对椅子进行着色，出现如图 8-87 所示对话框，点击"确定"按钮确定，弹出如图 8-88 所示对话框。

图 8-87　警告对话框

图 8-88　着色对话框

(88) 点击"Wood"选项，隐藏"零件几何体"，显示"倒圆角"，选择"Brich"并点击椅子，如图 8-89 所示。

图 8-89　着色选项

(89) 点击"应用材料"按钮进行预览，再点击"确定"按钮，结果如图 8-90 所示。

图 8-90　着色结果

8.2　自行车座椅逆向实例

(1) 在 DSE 模块中，单击 按钮，出现 Cloud Import 对话框，导入点云(打开百度网盘下载资料"CATIA 工程设计基础\第八章实例\8-2 自行车座椅\Multi-sections surface.igs")，如图 8-91 所示。

图 8-91 导入点云

(2) 单击 按钮进行网格划分，具体数值设置如图 8-92 所示。

图 8-92 网格划分设置

(3) 单击"应用"按钮预览，再单击"确定"按钮，隐藏点云"Multi-sections surface"，结果如图 8-93 所示。

图 8-93 网格划分结果

(4) 切换至 QSR 模块，点击 ![按钮] 按钮执行"Planar Sections"命令，具体如图 8-94 所示。

图 8-94　截面线设置

(5) 单击"应用"按钮，再点击"确定"按钮，截面线结果如图 8-95 所示。

图 8-95　截面线结果

(6) 点击 ![按钮] 按钮，提取座椅面上的曲线，具体如图 8-96 所示。点击 ![按钮] 按钮进行曲率分析，将"Tolerance"值更改为"0.25 mm"，即保证平面的光滑度，具体如图 8-97 所示。

图 8-96　交线曲线对话框

图 8-97 交线曲线设置

(7) 单击"应用"按钮进行预览，点击"确定"按钮，结果如图 8-98 所示。

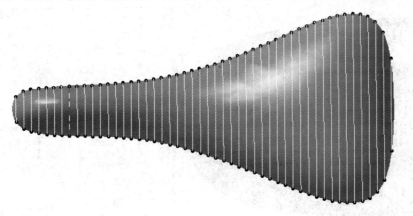

图 8-98 交线曲线结果

(8) 点击 按钮，进行多截面曲面操作，具体如图 8-99 所示。

图 8-99 多截面曲面对话框

(9) 单击"预览"按钮，再点击"确定"按钮，结果如图 8-100 所示。

图 8-100　多截面曲面结果

(10) 点击 按钮，对自行车座椅头部进行截面线设置，具体见图 8-101。

图 8-101　截面线设置

(11) 完成上述命令后，点击 按钮，提取座椅头部面上的曲线，具体如图 8-102 所示。选择合适的"Tolerance"值，使自行车座椅头部的曲率尽可能光滑。

图 8-102　交线曲线设置

(12) 点击 按钮，在座椅头部构建如图 8-103 所示的 3D 曲线。

图 8-103　创建 3D 曲线

(13) 点击 按钮，刷取座椅头部曲面的点云，具体如图 8-104 所示。

图 8-104　刷取座椅部分点云

(14) 点击"确定"按钮，结果如图 8-105 所示。

图 8-105　激活部分点云情况

(15) 点击 🔘 按钮进行强力拟合，具体如图 8-106 所示。

图 8-106 强力拟合设置

(16) 单击"应用"按钮，再点击"确定"按钮，结果如图 8-107 所示。

图 8-107 拟合与点云重合情况

(17) 再次点击 🔘 按钮，激活全部点云。

(18) 对自行车座椅尾部进行类似头部的操作，结果如图 8-108 所示，此时点云已被全部激活。

图 8-108 座椅尾部拟合情况

(19) 隐藏树状栏中的 ├🔳 Mesh Creation.1 选项，结果如图 8-109 所示。

图 8-109 曲面拟合情况一览

(20) 切换到 创成式外形设计模块，点击 按钮，进行桥接，具体如图 8-110 所示。

图 8-110　座椅头部桥接设置

(21) 单击"预览"按钮，再点击"确定"按钮，结果如图 8-111 所示。

图 8-111　座椅头部桥接情况

(22) 对自行车座椅尾部进行上述头部的桥接命令，结果如图 8-112 所示。

图 8-112　座椅尾部桥接情况

(23) 点击 ⊞ 按钮，将所有曲面接合，具体如图 8-113 所示。

图 8-113　曲面合并设置

(24) 单击"预览"按钮，再点击"确定"按钮。

(25) 点击 ⬛ 下拉菜单中的 ⬛ 按钮，结果如图 8-114 所示。

图 8-114　曲面着色

(26) 切换至 Freestyle 模块，点击 ≣ 按钮，对座椅进行曲面光斑分析，如图 8-115 所示。

图 8-115　光斑分析设置

(27) 隐藏树状栏中的 等照度线映射分析.2 选项。

(28) 切换到零件设计模块，点击 按钮，弹出如图 8-116 所示的对话框，点击"确定"即可。

图 8-116　弹出警告对话框

(29) 点击"确定"后弹出如图 8-84 所示的对话框，"第一偏移"取 2 mm，即椅子厚度为 2 mm，再点击"反转方向"，如图 8-117 所示。

图 8-117　加厚设置

(30) 单击"预览"按钮，再点击"确定"按钮，结果如图 8-118 所示。

图 8-118　加厚结果

8.3　沙光机的逆向实例

(1) 点击 按钮，进入 DSE 模块，弹出"新建零件"对话框，"输入零件名称"中输入"A 级曲面"，结果如图 8-119 所示。

图 8-119　新建零件设置

(2) 点击菜单栏的 插入 按钮，在下拉列表中选择 ⊥ 轴系... 选项，弹出如图 8-120 所示的对话框，默认对话框内中的设置，点击"确定"按钮。

(3) 隐藏树状栏中 XY、YZ 和 ZX 平面，结果如图 8-121 所示。

图 8-120　轴向定义对话框　　　　　　　　图 8-121　轴系情况

(4) 单击 🔄 按钮，出现"Import"对话框，导入点云(打开百度网盘下载资料："CATIA 工程设计基础\第八章实例\8-3 沙光机\sander.asc")，如图 8-122 所示。

图 8-122　导入点云

(5) 单击菜单栏的 **插入** ，选择列表下的 几何图形集... 选项，创建一个几何图形集，名称为"坐标转换"，点击"确定"按钮。

(6) 切换至 QSR 模块，点击 按钮，刷取如图 8-123 所示的点云。

图 8-123　刷取一层点云

(7) 刷取的点云结果如图 8-124 所示。

图 8-124　刷取点云结果

(8) 点击 按钮，在圆圈点云里创建如图 8-125 所示的直线。

图 8-125　创建直线

(9) 重复上述操作，结果如图 8-126 所示。

(10) 隐藏树状栏中的几何图形集.1。

(11) 鼠标右键点击 CATIA 下方工具栏，在弹出的菜单中选择"WireFrame"选项，如图 8-127 所示。

图 8-126　创建多条直线

图 8-127　选择 WireFrame

(12) 切换至创成式外形设计模块，点击 按钮，"平面类型"为"平均通过点"，选取所有 3D 曲线的端点，如图 8-128 所示。

图 8-128 定义平面

(13) 单击"预览"按钮,再点击"确定"按钮。

(14) 点击 ◯ 按钮,进行如图 8-129 所示的操作。

图 8-129 定义圆

(15) 重复上述操作,对其他点进行相同操作,结果如图 8-130～图 8-134 所示。

图 8-130 重复定义圆.2

图 8-131　重复定义圆.3

图 8-132　重复定义圆.4

图 8-133　重复定义圆.5

图 8-134　重复定义圆.6

(16) 点击 • 按钮，进行如图 8-135 所示的操作。

图 8-135　定义圆心

(17) 对圆.2、圆.3、圆.4、圆.5 和圆.6 进行同样的操作命令，结果如图 8-136～图 8-140
所示。

图 8-136　重复定义圆心.2

图 8-137　重复定义圆心.3

图 8-138　重复定义圆心.4

图 8-139　重复定义圆心.5

图 8-140　重复定义圆心.6

(18) 隐藏 3D 曲线.1～3D 曲线.6，圆.1～圆.6，显示几何图形集.1。

(19) 点击 ○ 按钮定义圆，选取 3 个点来定义圆.7～圆.9，具体如图 8-141 所示。

图 8-141　以圆心构建圆

(20) 重复上述操作定义另外两个圆，如图 8-142 和 8-143 所示。

图 8-142　以圆心构建圆.2

图 8-143　以圆心构建圆.3

(21) 点击 · 按钮定义点，结果如图 8-144 所示。

图 8-144　在圆心构建圆上定义圆心

(22) 对另外 2 个圆做上述同样的操作，如图 8-145 和 8-146 所示。

图 8-145　在圆心构建圆上定义圆心.2

图 8-146　在圆心构建圆上定义圆心.3

(23) 隐藏点.1～点.6，圆.7～圆.9。

(24) 点击 ◯ 按钮定义圆.10，结果如图 8-147 所示。

图 8-147　再次圆心构建圆

(25) 点击 · 按钮，进行点定义，具体如图 8-148 所示。

图 8-148　再次定义圆心

(26) 隐藏点.7～点.9 和圆.10。

(27) 切换至 QSR 模块，点击 ▦ 按钮激活全部点云，具体如图 8-149 所示。

图 8-149　圆心近似点

(28) 点击 按钮，刷取如图 8-150 所示的点云。

图 8-150　刷取底座一层点云

(29) 刷取的点云如图 8-151 所示。

图 8-151　刷取点云结果

(30) 点击 ⚛ 按钮，在刚刚刷取的点云里创建如图 8-152 所示的直线。

图 8-152　创建多条直线

(31) 切换至创成式外形设计模块，隐藏点云，点击 ⌀ 按钮，"平面类型"为"平均通过点"，选取所有 3D 曲线的端点，如图 8-153 所示。

图 8-153　定义平面

(32) 隐藏 3D 曲线.7～3D 曲线.10。

(33) 点击 ⚏ 按扭，测量两个平面的夹角，如图 8-154 所示。

图 8-154　平面间夹角测量

(34) 因为两个面之间的角度为 90°，所以就无需通过其他命令来调整角度。若角度不是 90°，则需要通过 ⟳(相交)和 ⌀(平面定义)来建立新的平面，使两个面之间的角度为 90°。

(35) 点击菜单栏的 插入 按钮，在下拉列表中选择 ⌐轴系... 选项，其中"原点"选项选择"点.10"，"Y 轴"选择"平面.2"，"Z 轴"选择"平面.1"，具体如图 8-155 所示。

图 8-155　建立轴线

(36) 点击"确定"按钮，结果如图 8-156 所示。

图 8-156　轴线建立情况

(37) 切换至 QSR 模块，显示几何图形集.1，点击 按钮激活全部点云，具体如图 8-157 所示。

图 8-157　激活全部点云

(38) 隐藏平面.1 和平面.2,以及轴系 1,结果如图 8-158 所示。

图 8-158　隐藏辅助平面

(39) 单击菜单栏的 插入 ,选择列表下的 几何图形集... 选项,创建一个几何图形集,名称为"点云处理",点击"确定"按钮确定。

(40) 切换至 DSE 模块,点击 按钮,对点云进行网格划分,其中 Neighborhood 取值为 8 mm,具体如图 8-159 所示。

图 8-159　网格划分设置

(41) 网格划分后隐藏点云,结果如图 8-160 所示。

图 8-160　网格划分结果

(42) 点击 ⊕ 按钮修补平面，参数设置和要修补的平面如图 8-161 所示。

图 8-161　修补平面

(43) 点击 ▦ 按钮，刷取如图 8-162 所示的点云。

图 8-162　激活部分点云

(44) 单击菜单栏的 插入 ，选择列表下的 几何图形集… 选项，创建一个几何图形集，名称为"点云交线"，点击"确定"按钮。

(45) 切换至 QSR 模块，点击 ▦ 按钮创建一个截面线，具体如图 8-163 所示。

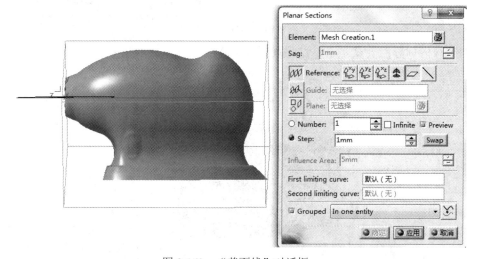

图 8-163　"截面线"对话框

(46) 点击■按钮，创建如图 8-164 所示截面线。

图 8-164 截面线设置

(47) 切换至创成式外形设计模块，点击■按钮，"平面类型"为"偏移平面"，设置参数如图 8-165 所示。

图 8-165 偏移平面设置

(48) 点击■按钮重复上述操作，直至效果满意，具体结果如图 8-166 所示。

图 8-166 重复偏移平面

(49) 切换至 QSR 模块，点击 按钮，以图 8-166 定义的面为基准，如图 8-167 所示的截面线。

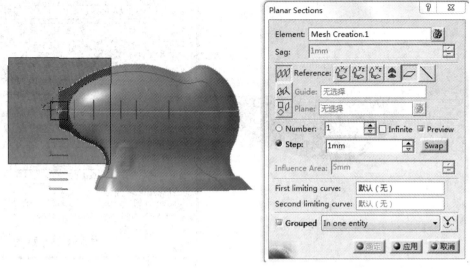

图 8-167　截面线定义

(50) 重复上述操作，最后结果如图 8-168 所示。

图 8-168　重复定义截面线

(51) 随后以坐标系的 XY 面为基准，另外再做几个如图 8-169 所示的截面线，并隐藏偏移平面。

图 8-169　隐藏平面

(52) 单击菜单栏的 插入 ，选择列表下的 几何图形集... 选项，创建一个几何图形集，名称为"常规曲面"，点击"确定"按钮。

(53) 点击 按钮，进行曲率划分，如图 8-170 所示。

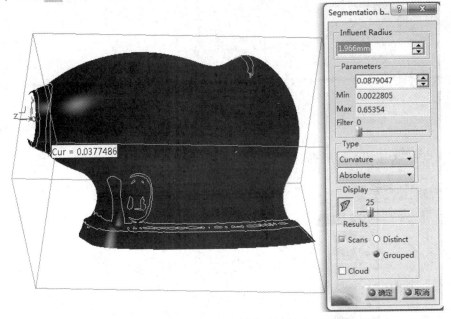

图 8-170　曲率划分对话框

(54) 点击 按钮，依照上面曲率划分线作出一条 3D 曲线，结果如图 8-171 所示。

图 8-171　构建 3D 曲线

(55) 隐藏 scans.1 和 Mesh Creation.1。

(56) 点击 按钮，提取网格面上所有的截面线，提取后隐藏截面线，结果如图 8-172 所示。

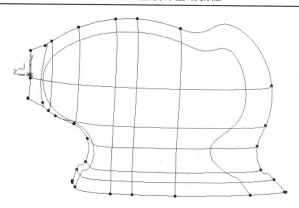

图 8-172　提取截面线

(57) 点击 按钮，将所有需要切片的曲线切片，如图 8-173 所示。

图 8-173　曲线切片

(58) 显示 Mesh Creation.1，点击 按钮，强力拟合所有曲面，结果如图 8-174 所示。

图 8-174　强力拟合

(59) 隐藏 Mesh Creation.1，点击 按钮接合所有面，如图 8-175 所示。

图 8-175　合并曲面

(60) 点击 下拉菜单中的 按钮，结果如图 8-176 所示。

图 8-176　着色

(61) 切换至创成式外形设计模块，点击 按钮，创建平面，"平面类型"为"偏移平面"，具体如图 8-177 所示。

图 8-177　偏移平面

(62) 点击 按钮分割，具体如图 8-178 所示。

图 8-178　分割操作

(63) 点击 ⌒ 按钮分两次提取出"分割.1"的边界，具体结果如图 8-179 所示。

图 8-179　提取边界

(64) 点击 图标右下角的下拉列表中的 按钮，执行对称命令，具体如图 8-180 所示。

图 8-180　对称操作

(65) 单击"预览"按钮，再点击"确定"按钮，具体如图 8-181 所示。

图 8-181 对称结果

(66) 再次点击 按钮，分两次提取出"对称.3"的边界，操作参考上述对"分割.1"的操作。

(67) 点击 按钮，进行桥接，具体如图 8-182 所示。

图 8-182 桥接设置

(68) 单击"预览"按钮，再点击"确定"按钮，具体如图 8-183 所示。

图 8-183 桥接 1

(69) 再次点击 按钮，进行桥接，具体结果如图 8-184 所示。

图 8-184　桥接 2

(70) 单击"预览"按钮，再点击"确定"按钮，具体如图 8-185 所示。

图 8-185　桥接结果

(71) 点击 按钮，接合所有面，具体结果如图 8-186 所示。

图 8-186　合并曲面

(72) 最后结果如图 8-187 所示。

图 8-187 最终逆向曲面结果

8.4 汽车后备厢盖逆向实例

1. 创建几何图形集

打开 CATIA 软件，进入 DSE 模块，依次点击菜单"插入""几何图形集"，创建名称为"点云"的几何图形集，如图 8-188 所示。

图 8-188 "插入几何图形集"对话框

2. 导入点云

单击 按钮，出现 Cloud Import 对话框，导入点云(打开百度网盘下载资料"CATIA工程设计基础\第八章实例\8-4 汽车后备厢盖\04 cover.stl")，导入后的点云如图 8-189 所示。单击 按钮，进行网格划分，如图 8-190 所示。

图 8-189 汽车后备厢盖点云

图 8-190　汽车后备厢盖网格划分结果

3. 划分网格面

观察后备厢盖的网格面，进行分块处理，然后将各个分块进行曲线与曲面重构、桥接、接合等处理，并保证其曲面质量。根据其网格面特征，可以将后备厢盖分成顶面、侧面和侧面凹陷三大部分，剩下的孔洞等细节可在后期处理。

1) 后备厢盖顶面

创建名称为"顶部"的几何图形集。

进入 QSR 模块，选择 XZ 平面，进入草图，构建 8 条样条曲线，如图 8-191 所示。

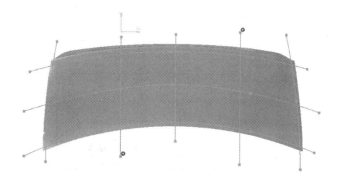

图 8-191　后备厢盖顶面的样条曲线绘制

使用曲线投影工具(Curve Projection)，将图 8-191 中所示的样条曲线(多条曲线的选择需要按住 Ctrl 键)投影至网格面上，投影方向设置为"Y 部件"，取消"Nearest"，单击"应用"和"确定"，即可在网格面的顶部构建出交线，如图 8-192 所示。

图 8-192　样条曲线在后备厢盖上的投影

为便于后续的曲面创建,可将图 8-192 中的样条曲线隐藏(后续工作中不用)。如图 8-193 所示,拟将顶部网格面划分为 8 个分块,分别对各个分块的网格面创建曲面,现以第一个分块为例进行曲线和曲面的创建。

图 8-193　后备厢盖顶部网格面的分块

使用"Curve from Scan"工具,拾取前面所创建的交线,对图形区中的任一"Fixed"进行右击,在图 8-194 所示的弹出框中点击"Remove all points",移除交线上所有的点,以利于后续曲线的创建。

图 8-194　后备厢盖顶部创建交线

在围成分块 1 的 4 条交线上分别拾取两点,拾取点的位置应当在第 1 分块区域顶点的外侧,以形成封闭的曲线框。单击"应用"和"确定"后,即可创建出将第 1 分块包围的4 条曲线(隐藏了网格面与交线),如图 8-195 所示。

图 8-195　网格面分块 1 上的封闭曲线框

重新显示网格面。通常为提高重构后的曲面质量,需要将对应于该曲面的网格面局部区域单独显示出来。使用"Activate"工具中的"Brush"选项,点击图形区中的网格面,并将分块 1 区域的网格面选中,单击"确定"按钮,如图 8-196 所示。

图 8-196　网格面分块 1 的网格面激活

　　为创建分块 1 区域的曲面，使用强力拟合工具——"Power Fit"工具重构曲面。在"Preparation"选项卡中，拾取分块 1 区域对应的网格面和包围网格面的曲线；在"Parameters"选项卡中，"Tolerance"项的参数设置为 0.02。最后单击"应用"按钮，如图 8-197 所示。观察所生成的曲面，确认无误后单击"确定"按钮，即完成了分块 1 区域的曲面重构，如图 8-198 所示。

图 8-197　网格面分块 1 的曲面强力拟合

图 8-198　网格面分块 1 的曲面重构

为继续网格面其他区域的曲面重构工作，需要将完整的网格面重新拾取出来。使用 "Activate" 工具，选中图形区中的网格面，单击 "Activate" 对话框中的 "Activate all" 按钮，并单击"确定"按钮。同时，在左侧的模型树中，将前面创建的交线"Curve Projection.1" 也重新显示出来，所得图形如图 8-199 所示。

图 8-199　网格面的重新显示

利用"Distance Analysis"工具分析曲面.1 与网格面之间的距离，"源"中拾取"曲面.1"，"目标"中拾取 "Mesh Creation.1"，在 "显示选项" 中选中最大值，单击 "确定"，显示效果如图 8-200 所示。鼠标移动至曲面上的任意一点，即可显示出曲面上该位置与网格面之间的距离。

图 8-200　网格面分块 1 曲面的距离分析

分块 2~4 区域对应的曲面重构方法如同分块 1 区域的操作，此处不再赘述，重构后的曲面如图 8-201 所示。需要注意的是，4 个分块对应的曲面是分别创建的，后续需要利用"接合"工具将它们合并成一个曲面，这就需要考虑曲面之间的连续性是否达到要求(达到 G1 连续为佳)，可以使用"连接检查器分析"工具实现对曲面之间的连续性分析。

图 8-201　网格面分块 1～4 重构后的曲面

使用"连接检查器"工具，"类型"选项卡中选择"曲面-曲面连接"和"投影"；"元素"选项卡中"源"选取分块 1 区域对应的曲面(曲面.1)，"目标"选取分块 2 区域对应的曲面(曲面.2)，即可在对话框底部的"最大偏差"中查看两曲面之间的连续性，如图 8-202 所示。由图 8-202 可见，曲面.1 与曲面.2 之间的 G0 和 G1 最大偏差分别为 0.08 mm 和 0.732°(数值因曲面不同而异)，并没有达到 G0 连续。因此，需要对两曲面的连接状态进行处理，使两者的连接能达到 G1 连续性级别。

图 8-202　"连接检查器"对话框

为方便操作，将网格面隐藏。使用"平行曲线定义"工具，如图 8-203 所示。将分块 1 对应曲面(曲面.1)的边线(边线.2，与曲面.2 相邻)向曲面内部平移 10 mm，如图 8-204 所示。

图 8-203　"平行曲面定义"对话框

图 8-204　曲面 1 边线的平行曲线

　　仔细观察通过"平行曲线定义"创建的曲线，不难发现，该曲线的端点并未延伸至曲面.1 的外侧，这可能导致在使用"分割"工具时操作失败。可以通过"外插延伸定义"工具，将该曲线进行延伸，使其两端点均超出曲面.1，如图 8-205 所示。

图 8-205　平行曲线的外插延伸

　　使用"定义分割"工具，"要切除的元素"拾取曲面.1，切除元素拾取外插延伸处理后的曲线，单击"确定"按钮，完成对曲面.1 的分割，如图 8-206 所示 (忽略可能出现的警告窗)。

图 8-206　曲面 1 的分割

　　同样的操作方法，完成对分块 2 对应曲面边线的"平行曲线定义""外插延伸定义"和"定义分割"等操作，结果如图 8-207 所示。

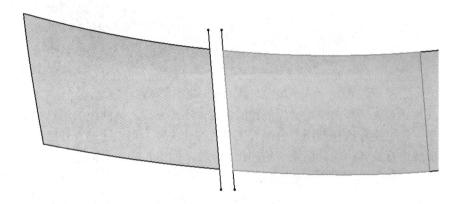

图 8-207　曲面 2 的分割

　　将图 8-207 中的两条曲线隐藏，使用"边界定义"工具完成对分割后曲面.1 和曲面.2 的边界的提取，"拓展类型"选择"切线连续"，如图 8-208 所示，提取边界后的结果如图 8-209 所示。

图 8-208　"边界定义"对话框

图 8-209　分割后的曲面 2 边线的提取

使用"桥接曲面定义"工具，将分割处理后的曲面.1 和曲面.2 连接起来，具体的参数设置如图 8-210 所示。需要注意的是，"第一连续"和"第二连续"选择曲率或者切线为佳，桥接后的结果如图 8-211 所示。

对于分块 2 与分块 3、分块 3 与分块 4 之间的交界线处理与上述方式相同，此处不再赘述，结果如图 8-212 所示。

图 8-210　"桥接曲面定义"对话框

图 8-211 曲面.1 与曲面.2 的曲面桥接

图 8-212 完成曲面桥接后的曲面.1～曲面.4

为将图 8-212 中所示的各个曲面接合起来,可使用"接合定义"工具,勾选"检查相切"和"检查连接性",如图 8-213 所示,单击"确定"按钮,完成对分块 1～4 区域对应曲面的接合,在模型树上生成名为"接合.1"的曲面。

图 8-213 "接合定义"对话框

对于分块 5～8 区域的网格面,采取上述同样的方法(创建曲线、曲面 Power Fit、分割、桥接和结合等),创建出如图 8-214 所示的曲面(接合.2)。

图 8-214 曲面桥接后的曲面(对应于网格面分块 5~8)

接下来需要进一步将接合.1 与接合.2 两个曲面接合起来,由于两个曲面是非连通的,故需要通过前述的平行曲线、外插延伸、分割、边界和桥接曲面等工具,创建桥接曲面,如图 8-215 所示。再使用"接合定义"工具将图 8-215 所示的各曲面接合起来,生成名称为"接合.3"的曲面。

图 8-215 曲面接合.1 与接合.2 的曲面桥接

重新显示网格面,如图 8-216 所示,曲面接合.3 的边界并没有与网格面基本贴合。使用"草图"工具,以 ZX 平面为草图平面,使用"样条线"工具绘制如图 8-217 所示的轮廓,记为草图.2。

图 8-216 网格面的重新显示

图 8-217　后备厢盖顶部网格面边界的样条曲线绘制

隐藏网格面，利用"边界"工具提取接合.3 曲面的一条边界，如图 8-218 所示，再使用"外插延伸定义"工具将曲面沿着该边界进行延伸，延伸长度应以超过网格面边界为宜，此外在对话框中需要勾选"扩展已外插延伸的边线"，如图 8-219 所示。单击"确定"，确认曲面外插延伸的结果。

图 8-218　曲面-接合.3 的边界提取

图 8-219　曲面-接合.3 的外插延伸.1

重复上一步的操作，提取曲面-接合.3 的另外两条边界，并进行外插延伸，所得的曲面如图 8-220 所示。

图 8-220　曲面-接合 3 的外插延伸.2

利用"拉伸"工具将草图.2 的样条线进行拉伸，拉伸方向为"Y 部件"，拉伸长度以能与上一步的曲面相交为宜，如图 8-221 所示。单击"确定"按钮，确认得到的拉伸曲面。

图 8-221　样条曲线的拉伸

使用"定义分割"工具对顶部曲面进行修改，使其轮廓与网格面相近，"要切除的元素"拾取顶部曲面，"切除元素"拾取上一步的拉伸曲面，如图 8-222 所示，单击"确定"按钮，确认拉伸曲面分割后的结果。至此，顶部曲面的重构处理基本完成，与侧面网格面相连的边界将在后续的操作中进行处理。

图 8-222　外插延伸后的曲面-接合.3 的分割

2) 后备厢盖侧面

创建名称为"侧面"的几何图形集。选择 XY 平面，进入草图，构建 10 条样条曲线，如图 8-223 所示。

图 8-223 后备厢盖侧面的样条曲线绘制

使用曲线投影工具(Curve Projection)，将图 8-223 的样条曲线投影至网格面上，投影方向设置为"Z 部件"，取消"Nearest"，单击"应用"按钮和"确定"按钮，即可在网格面的顶部构建出交线。拟将侧面的网格面划分为 15 个分块，如图 8-224 所示，采用前述方法，分块 9~12、14、18~20、22~23 这 11 个分块的曲面重构相对简单，结果如图 8-225 所示。

图 8-224 后备厢盖侧面的网格面分块

图 8-225 后备厢盖侧面的部分曲面重构.1

对于分块 15~17 以及 21，在进行 Power Fit 处理时需注意，这些分块内的网格面波动较大(凸起或凹陷)，在激活点云时要避免勾选波动较大的区域，如图 8-226 所示(为保证曲面质量，Power fit 对话框中的 Tolerence 设置为 0.5)。至此，后备厢盖侧面的基本轮廓重建完成，对于局部的细节部分将在后面进行介绍。

图 8-226　后备厢盖侧面的部分曲面重构.2

依照顶部曲面的处理方法，分别将分块 9～13、14～18 以及 19～23 对应的曲面通过"桥接曲面定义"工具连接起来，并进行"接合"操作，获得接合.4、接合.5 和接合.6 这 3 个曲面，如图 8-227 所示。

注：连续性方式选择"曲率连续"，桥接曲面前需要提取边界，这是易出错的地方。

图 8-227　曲面桥接和接合处理后的接合.4、接合.5 和接合.6

依照顶部曲面的处理方法，将接合.4、接合.5 和接合.6 这 3 个曲面也进行"桥接曲面定义"操作，连续性方式选择"切线"。将侧面的各曲面接合之后，获得曲面接合.7，如图 8-228 所示。

图 8-228　曲面桥接和接合处理的后备厢盖侧面

重新显示网格面，选择 XY 平面，进入"草图"，沿着网格面的边缘绘制样条线，如图 8-229 所示。退出模块后，对该草图进行"拉伸"，拉伸方向为"Z 部件"，拉伸长度 200 mm(限制 2)，结果如图 8-230 所示。

图 8-229 后备厢盖侧面网格面边界的样条曲线绘制

图 8-230 图 8-229 所示样条曲线的拉伸

利用"边界定义"+"外插延伸定义"的组合工具将曲面接合.7 沿着三条边界进行外插延伸，延伸长度 30 mm，如图 8-231 所示。利用上一步创建的拉伸曲面对该曲面进行"定义分割"操作，分割后的侧面曲面如图 8-232 所示，可见，其与网格面轮廓基本吻合。

图 8-231 后备厢盖侧面曲面的外插延伸

图 8-232 分割后的后备厢盖侧面曲面

利用"边界定义"工具提取顶面和侧面曲面的上边界，如图 8-233 所示。利用"外插延伸定义"工具分别对顶部和侧面曲面进行延伸，延伸长度 35 mm(使两个曲面相交)，再使用"修剪"工具将两个曲面进行修剪，如图 8-234 所示。接着使用"倒圆角"工具将公共边线进行倒圆角，圆角半径设为 5 mm，更改"视图模式"为"着色"，结果如图 8-235

所示。至此，后备厢盖的基本曲面重构已经完成。

图 8-233　后备厢盖顶面与侧面曲面的边界提取

图 8-234　后备厢盖顶面与侧面曲面在提取边界处的外插延伸

图 8-235　修剪和倒圆角处理后的后备厢盖曲面集

3) 后备厢盖的局部细节(凹陷和凸起)

观察后备厢盖的点云/网格面，不难发现存在一些凹陷、凸起和孔洞，因此，需要对基本曲面做部分修改。

使用"Activate"工具将车标处的网格面单独显示出来，如图 8-236 所示。使用"Basic Surface Recognition"工具，选中网格面，在弹出框"Method"中选择"Plane"，点击"应用"，如图 8-237 所示，拖动绘图区中的绿色箭头，扩大平面的边界，单击"确定"按钮。

图 8-236　车标处网格面的激活

图 8-237　车标处网格面的平面重构

　　使用"Activate"工具将网格面选中后，点击弹出框中的"Activate All"和"确定"按钮。选择上一步创建的平面，进入"草图"，将该平面隐藏起来，使用"样条线"沿着车标凹陷的边界绘制封闭样条曲线，如图 8-238 所示。退出草图工作台后，利用该样条线分割上一步创建的平面，如图 8-239 所示。

图 8-238　车标网格面边界的封闭样条曲线绘制

图 8-239　车标曲面的基本轮廓创建

通过"开始""形状""创成式外形设计"，使用"拔凸面定义"工具 ，弹出框中的"座落曲面"选择上一步的车标曲面(分割.47)，"基元素"选择后备厢盖的基本曲面(倒圆角.1)，"拔模斜度"设为45°，如图8-240所示，单击"确定"按钮，确认拔模后的结果。使用"倒圆角"工具将图8-240所示的拔模曲面边界进行倒圆角处理，圆角半径设为3 mm，结果如图8-241所示。

图 8-240　车标曲面的拔模凸面处理

图 8-241　车标处拔模凸面的倒圆角处理

对于后备厢盖侧面上大凹陷曲面上的两个凸起部分的曲面创建，仍然采用与车标处相同的处理方法：

(1) 通过"开始""形状""Quick Surface Reconstruction"。

(2) 使用"Activate"工具将凸起部分网格面单独显示出来，如图8-242所示，再使用"Basic Surface Recognition"工具在该网格面上创建平面。

(3) 激活全部网格面。

(4) 选择新创建的平面，进入"草图"，使用"圆"工具创建直径为24 mm的圆，调整该圆的圆心位置，使其与网格面上的轮廓吻合，再创建一个同圆心的直径为12 mm的圆(即所需的)，如图8-243(a)所示，并删除大圆。退出草图工作台后，利用该圆分割创建平面，如图8-243(b)所示。

(5) 通过"开始""形状""创成式外形设计"，使用"拔模凹面"工具 ，弹出框中的"座落曲面"选择上一步的凸起曲面，"基元素"选择后备厢盖的基本曲面，"拔模斜度"

设为 60°，结果如图 8-244 所示。

(6) 对拔模后的曲面进行"倒圆角"处理，圆角半径设为 4 mm。

(7) 基本曲面上的其他凸起和孔洞采用相似的方法进行曲面重构，最终的结果如图 8-245 所示。

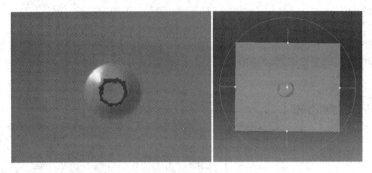

(a) 网格面激活   (b) 平面重构

图 8-242 后备厢盖侧面局部凸起的部分

(a) 草图轮廓   (b) 曲面创建

图 8-243 后备厢盖侧面局部凸起的部分

图 8-244 拔模凹面处理后的后备厢盖侧面局部凸起曲面

图 8-245　后备厢盖的最终逆向曲面结果

课 后 练 习

一、钣金件逆向建模。

打开百度网盘下载资料"CATIA 工程设计基础\第八章实例\课后综合练习\钣金\metal plate-Cloud.CATPart",其点云图如图 8-246 所示,通过逆向办法将该钣金件曲面恢复。

图 8-246　钣金件点云

二、端盖逆向建模。

根据图 8-247 端盖点云,完成端盖内外曲面的构建并生成实体。其点云原文件在打开百度网盘下载资料"CATIA 工程设计基础\第八章实例\课后综合练习\端盖\cover-Cloud.CATPart"。

图 8-247　端盖点云

三、完成逆向建模并通过正向设计办法，在逆向数模基础上创新设计。

第一步：在 30 min 内完成指定物体(现场指定)点云的获取。

第二步：在 3 h 内完成点云的逆向设计和逆向的曲面精度检测。

第三步：在 2 h 内以所逆向的零件进行正向创新设计。

第四步：在 30 min 内通过 PPT 总结逆向过程和正向创新设计过程。

第九章　正向工程设计实例

前面八章主要学习了曲面数字化设计各大模块命令的使用和逆向工程实例，本章将通过车桥桥壳总成及其零件的设计，介绍零件设计、装配设计和工程图设计 3 个功能模块，并结合多个实例介绍正向工程设计在建模中的应用技巧。

9.1 衬环设计

衬环设计实例主要涉及凸台 和倒角命令 命令。

衬环的二维图如图 9-1 所示，该零件是一个旋转体，外径 Φ142 mm，内径 Φ130 mm，宽度 18 mm，两端进行 4×15° 倒角。

本例将采用凸台 命令，配合倒角 命令即可实现衬环的三维设计。

图 9-1　衬环二维图

(1) 打开 CATIA 软件，点击菜单栏上的"开始""机械设计""零件设计"，如图 9-2 所示，即可启动零件设计模块。

图 9-2　启动零件设计模块路径

(2) 点击界面右侧的草图工具⟋，草图工具颜色发生变化，此时在界面的左下方有提示："选择平面、平面的面或草图"，点击左侧特征树下的⟋ xy 平面，进入草图界面。选择圆⊙ 命令，以原点为圆心画两个圆，如图 9-3 所示。

图 9-3　草图两个圆

(3) 如图 9-4 所示，鼠标左键双击▯(约束命令)，对两个圆分别进行尺寸定义。双击尺寸上的数值，分别设置为外径Φ142 mm，内径Φ130 mm，此时草图变绿，说明图形是完全被约束的。尺寸定义完成后双击键盘上的 ESC 命令，退出约束命令。然后选择右侧工具栏上的退出工作台 ⬆，退出草图界面。

　　注意：若草图约束后，如果仍有部分元素没有变成绿色，说明草图没有完全被约束，草图尺寸不全。此时可以选中草图，按住鼠标左键，来回移动鼠标，看草图中元素的移动情况，从而对草图做进一步约束。若草图约束后，如果部分元素变为紫色，则说明存在过约束现象，只要通过判断删除过多的紫色约束即可。

图 9-4　草图约束变色

　　(4) 退出草图界面后，回到零件设计界面，选择界面右端的凸台命令 ⬛，进入凸台命令界面，如图 9-5 所示。

　　(5) 在"轮廓/曲面"下的"选择"区域选择图 9-4 中的"草图.1"，在"第一限制""长度"区域输入"18 mm"，如图 9-6 所示。点击"预览"按钮，点击"确定"按钮，生成实体，完成凸台命令，如图 9-7 所示。

图 9-5　凸台命令界面

图 9-6　定义凸台命令

注意：在定义凸台命令中，可以点击"反转方向"按钮，改变凸台拉伸的方向，另外，还可以点击"更多"，对凸台命令进行其他设置。

图 9-7　衬环凸台

(6) 完成凸台命令后，返回到零件设计模块，点击界面右侧的倒角◇命令，倒角命令界面如图 9-8 所示。在"要倒角的对象"处，按住 Ctrl 键，选择图 9-7 中的上下两条外圆线，其数值设定如图 9-9 所示。定义好倒角，点击"确定"按钮，完成倒角，效果如图 9-10 所示。

图 9-8　倒角命令界面   图 9-9　定义倒角

注意：在使用倒角命令时，注意倒角的角度和方向。可以通过鼠标点击倒角中的箭头，或在定义倒角(见图 9-9)时选择"反转"，达到预想的倒角效果。

图 9-10　倒角效果

(7) 点击特征树顶端 ⚙Part1，单击鼠标右键弹出下拉菜单，选择属性，点击产品，将零件编号改为 9-01，另将文件另存为 9-01(后续所有三维零件设计将会另存，不再重述)。

9.2　法 兰 设 计

法兰设计实例主要涉及的命令有：旋转、凹槽、倒角、阵列等。

法兰的二维图如图 9-11 所示，其零件结构整体为一个旋转结构，在旋转体上打有 18 个直径Φ18.5 mm 的孔，每个孔倒角 C3(即 3×45°)。

(1) 打开 CATIA 软件，点击菜单"开始→机械设计→零件设计"(后续实例中这些步骤将会省略)，如图 9-2 所示。点击界面右侧的草图工具，点击左侧特征树下的 xy 平面，进入草图界面。

(2) 在草图界面上选择轮廓命令，可连续画出如图 9-12 所示的轮廓。点击约束命令，按照图 9-11 尺寸对草图相关元素进行尺寸定义。草图被完全约束后，草图将变成绿色，如图 9-13 所示。将鼠标左键选中草图左上方空白处，按住鼠标左键，拖拽鼠标左键至草图右下方空白处，用整个草图选中，点击编辑多重约束命令，按照图 9-11 中的数值定义编辑多重约束命令框中的数值，具体如图 9-14 所示。选择退出工作台命令。

注意：在绘制草图时，第一点尽量画在某一轴上的延长线上，这样可以在后期约束时减少不必要的尺寸约束。另外轮廓命令配合草图工具的相切弧使用，可以快速构造复杂的轮廓曲线。

图 9-11　法兰二维图

图 9-12　采用轮廓命令作图

图 9-13　草图约束并修改尺寸

图 9-14　定义编辑多重约束

(3) 选择旋转命令，其界面如图 9-15 所示，"定义旋转体"命令的"第一角度"为 360°，在"轮廓/曲面"选项中以图 9-12 的"草图.1"为轮廓，在"轴线"选项中选择"X 轴"作为轴线，如图 9-16 所示，其旋转效果如图 9-17 所示。

图 9-15　旋转命令界面　　　　　　　　图 9-16　　定义旋转命令

(4) 接下来需要在法兰表面打 18×Φ18.5 mm 的孔，可以采用孔或凹槽命令，本例采用凹槽命令。点击凹槽命令，在"定义凹槽"对话框中将第一限制的类型通过下拉菜单方式选择"直到最后"，在"轮廓/曲面"处点击草图，选择图 9-17 中的大面，进入草图模式。如图 9-18 所示，画一个直径Φ18.5 mm 的圆，定义圆心到 Z 轴的距离为 121 mm，点击退出草图工作平台命令，自动返回到定义凹槽对话框，选择"确定"按钮，实现在法兰面上打一个孔，如图 9-19 所示。选择倒角命令，在刚刚打孔的背面对孔进行倒角，倒角数值为 3×45°，点击"确定"按钮，完成倒角命令，如图 9-20 所示。

图 9-17　旋转效果

图 9-18　凹槽命令中定义"轮廓/曲面草图"

图 9-19　凹槽效果

图 9-20　定义倒角

（5）在特征树下用鼠标左键选择"凹槽.1"，同时按住 Ctrl 键用鼠标左键选择"倒角.1"，放开 Ctrl 键，将鼠标移动至界面右边阵列▦命令处，通过其下拉箭头，选择圆形阵列✧命令，其对话框如图 9-21 所示。因在点击圆形阵列之前，在特征树下分别选择"凹槽.1"和"倒角.1"，故在图 9-21 的"要定义的圆形"→"要阵列的对象"→"对象"中为"2 元素"。在定义圆形阵列对话框中，将"参数"通过下拉菜单方式选择"实例和总角度"，实例个数改为"18"，角度为"360deg"，"参考方向"中的"参考元素"通过点击该空白框，单击右键，弹出快捷菜单，选择"X 轴"，如图 9-22 所示。点击"确定"按钮，会弹出警告，可忽略该警告，继续点击"确定"按钮，即可完成圆形阵列，如图 9-23 所示。

图 9-21　圆形阵列对话框　　　　　　图 9-22　定义圆形阵列

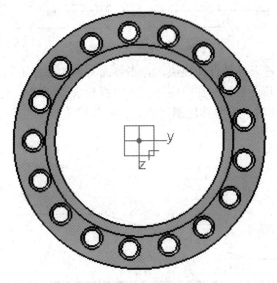

图 9-23　圆形阵列效果

9.3　半轴套管设计

半轴套管实例主要涉及旋转 、凹槽 、倒圆角 等命令。

如图 9-24 所示，主要以旋转为主体，在细节上需要注意凹槽顺序，另外注意倒圆角命令的用法。本例略去花键等局部细节。

图 9-24　半轴套管二维图

(1) 打开 CATIA 进入零件设计模块，点击界面右侧的草图工具 ，单击左侧特征树下的 ◇ xy 平面，进入草图界面。在草图界面上选择轮廓 ✍ 命令，可以连续画出轮廓，如图 9-25 所示。绘制轮廓时应将整体轮廓画出来，细节部分如小的凸台、圆角、倒角等特征可在后续过程中进行设计。

图 9-25　半轴套管轮廓绘制

(2) 双击约束 ⛓ 命令，按照图 9-26 上标示的数值对草图相关元素进行连续的尺寸定义。

注意：在对直径尺寸进行约束时，一般需要绘制一根轴 ⫶，通过约束线到轴的尺寸，但不要立刻确认该尺寸；通过单击鼠标右键，弹出快捷菜单，此时选择"半径/直径"，即可将距离尺寸转化为直径尺寸，如图 9-26 所示。

图 9-26 半径/直径尺寸转化

(3) 点击右侧工具栏"编辑多重约束"(📐)命令，弹出如图 9-27 对话框。从对话框中可以看到，虽然前面将半径改为直径，但对尺寸进行修改的时候，还是以半径形式存在。按照图 9-27 对尺寸进行修改，并点击确定。

图 9-27 多重约束尺寸修改

(4) 点击退出草图工作平台⬆命令，退出草图界面。

（5）单击特征树中"草图.1"，再选择旋转█命令，点击确定按钮，出现如图 9-28 所示的三维图。

图 9-28　半轴套管轮廓三维图

（6）通过凹槽命令将 Φ142 和 Φ72 直径画出来，再用旋转移除的办法将半轴套管尾部和内部 R200 切除，最后开始倒圆角和倒角。

先通过凹槽命令，分别将半轴套管的两个端面作为草图平面，将 Φ142 和 Φ72 直径的凹槽效果做出来，如图 9-29 和图 9-30 所示。

图 9-29　直径Φ142 凹槽　　　　　　　　图 9-30　直径Φ72 凹槽

然后使用旋转槽命令█，以 XY 平面作为草图平面，然后点击对话框上的█草图图标，进入草图界面，如图 9-31 所示。

图 9-31　定义旋转槽命令

在草图平面内先画一根轴(中心线) **|**,然后用如图 9-32 的圆弧命令,画半径为 200 mm 的圆弧,按图 9-33 做一个封闭草图,并对其相关尺寸进行约束,最后点击退出草图工作平台,完成旋转槽命令。

图 9-32　圆弧命令

图 9-33　内部选择槽草图

(7) 花键处省略不画,只做外径,螺纹也只做外径。继续采用旋转槽命令,选择 XY 平面为草图平面,画一根轴,按图 9-34 画封闭草图。

图 9-34　螺纹和花键外径草图

(8) 选择凸台命令，将直径Φ156 的凸台补全。

(9) 最后处理倒角和倒圆角细节。做半轴套管大端面的 15°倒角，倒角的定义在图 9-9 已经介绍过，其细节如图 9-35 所示。

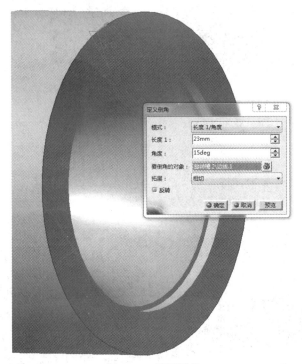

图 9-35　端面倒角

(10) 最后处理两处 R8，其中，一处 R8 与台阶两直边都相切，另一处 R8 与台阶的一边相切，与另一边不相切。点击倒圆角命令，弹出对话框，填入半径 8 mm，选择如图 9-36 所示的倒圆角对象，点击"确定"按钮，完成第一次倒圆角。再对另一处台阶进行倒圆角，如图 9-37 所示，其操作与先期相似，但需要将"倒圆角定义"对话框中的"更多"点开，在要保留的边线上选择一条边线，如图 9-37 所示，最后点"确定"按钮，完成不相切边的倒圆角操作。

图 9-36　倒圆角

图 9-37　不相切边倒圆角

注意：在倒角或倒圆角时，可以通过点开对话框中的集合命令 🖱️，对多个边进行选择(也可以通过按住 Ctrl 键，用鼠标点取相关元素)。

因版幅关系，其他细节此处不一一画出，最终效果如图 9-38 所示。

图 9-38　半轴套管最终三维图

9.4　下支架设计

下支架实例主要涉及的命令有：凸台 🔲、凹槽 🔲、镜像 🔲 等。

如图 9-39 所示，该零件左右对称，故可用镜像命令来完成另一半三维的构建。再进一步分析，该零件可分为底座和头部两部分，底座尺寸为 286 mm×270 mm，头部尺寸可用左视图的轮廓来构造草图，然后用凸台命令拉伸，再用凹槽命令将多余部分切除，完成主视图。最后，将头部的几个特征通过中心平面进行镜像，基本完成下支架三维的构建。剩下部分为其他细节，其命令不再详述。

图 9-39　下支架二维图

(1) 打开 CATIA 进入零件设计模块，点击界面右侧的草图工具，选择 XY 平面作为草图平面；在界面右侧点击矩形 ▢ 命令右下角的箭头，弹出如图 9-40 所示的工具栏，点击中心矩形命令 ▣，选择 XY 平面的坐标中心点(原点)为中心矩形的中心点，然后画中心矩形，并定义尺寸为 286 mm(高)×270 mm(宽)，如图 9-41 所示，退出草图工作平台。再采用凸台命令，长度设置为 27 mm，初步完成下支架底座的三维绘制。

图 9-40　矩形下拉命令

图 9-41　中心矩形绘制

(2) 对下支架头部进行设计，需要对图 9-39 进行分析。结合三视图，可用平面▱命令以平行中心平面(与长度 286 mm 的面平行)距离为 53 mm 平行平面(A 向视图宽度 106/2)为草图平面。点击平面工具▱，在"平面定义"中"参考"选择"yz 平面"，"偏移"为 53 mm，如图 9-42 所示，点击"确定"按钮，完成平行平面设置。

图 9-42　平行平面设置

(3) 点击草图工具▨，以刚建的平行平面为草图平面即选择"平面.2"，绘制下支架左视图头部轮廓尺寸，采用轮廓▨命令。在绘制轮廓前，先把草图工具栏调用出来，在右侧工具栏的任意位置，点击鼠标右键，在草图工具前打钩(即点击鼠标左键，✔ 草图工具)，草图界面会弹出草图工具栏，如图 9-43 所示。点击"构造/标准元素"，点击投影 3D 元素▨，选择底座上平面，按照图 9-39 左视图绘制下支架头部尺寸，并修改、标注尺寸绘制，其绘制结果如图 9-44 所示，退出草图工作平台。

图 9-43　草图工具栏

图 9-44　下支架头部草图

注意：在草图绘制过程中，图 9-43 草图工具能提供网格(每格默认 10 mm×10 mm)、点对齐(网格点捕捉)、构造/标准元素、几何约束和尺寸约束等功能，其中几何约束和尺寸约束一般默认设置为常亮，若未设置常亮则在草图时会出现草图可移动以及约束完毕草图不点亮等问题，故这两个命令需要设为常亮。而在草图绘制过程中，为了长度绘制比较准确时，可将网格和点对齐打开，相当于每画一个元素都有相应的参照网格，若对尺寸要求不是很敏感时，建议还是将网格和点对齐取消。构造/标准元素这一命令是一个比较方便的命令，在草图绘制过程中，有些图形构建过程中需要用到辅助元素，但这个元素在图形中并不以实际元素存在时，可以采用构造/标准元素，该命令配合投影 3D 元素，作为草图参考元素可提高绘图的效率，还可使设计出的三维具有尺寸随动效果(即修改某一尺寸，与改尺寸相关的元素自动跟随变化)。

注意：在头部草图绘制中，应用到"对话框中定义的约束"，该图标只有在选中某一或某几个约束时才会点亮。如图 9-44 中，对于几何元素对称，可以先选择要对称的几何元素，再选择对称轴，对称轴可以是原始的坐标轴或绘制的轴线等。

(4) 选择凸台命令，"类型"为"尺寸"，"长度"设置为 120 mm，"轮廓/曲面"选择图 9-44 草图(草图.3)，如图 9-45 所示。点击"确定"按钮，退出凸台命令。

图 9-45　凸台命令

(5) 选择凹槽命令，目的是去除头部多余部分尺寸。在弹出对话框的"轮廓/曲面"项中，点击旁边的"草图"，界面转至草图平面，选择 ZX 平面作为草图平面，采用构造/标准元素和投影 3D 元素组合，选取相应的参考线，在参考线上画如图 9-46 所示的封闭轮廓，退出草图界面。在凹槽类型选项中选择"直到最后"，并在凹槽命令下方点击"更多"，将凹槽右侧对话框展开第二限制选项，凹槽类型选项也中选择"直到最后"，如图 9-47 所示。点击"确定"按钮，退出凹槽命令。

图 9-46　凹槽草图

图 9-47　凹槽命令设置

(6) 点击特征树下的"凸台 2"，按住"Ctrl"键，再点击"凹槽 1"，即"凸台 2"和"凹槽 1"被同时选中，此时选择界面右侧的镜像命令，点击对称平面"yz 平面"，最后点击"确认"按钮，完成下支架头部的几何特征对称，如图 9-48 所示。

图 9-48　镜像命令

(7) 剩下其他部分对下支架头部进行倒圆角，其顺序为 R5、R10、R3；下支架底座倒圆角 R25，如图 9-49 所示。

图 9-49　倒圆角(1)

(8) 采用凹槽命令，完成 A 向视图中的避让槽。点击凹槽 命令，在对话框的"轮廓/曲面"项中点击" 草图"，并选择 YZ 平面作为草图平面；绘制草图如图 9-50 所示，点击"确定"按钮并退出草图。在定义凹槽对话框中，第一限制类型为尺寸，深度设置为 43 mm(86/2=43 mm)，点击"更多"，打开第二限制对话框，其设置同第一限制；点击"确定"按钮，退出凹槽命令。

图 9-50　避让槽绘制

(9) 在特征树下选择"凹槽 3"，选择镜像命令 ，选择 ZX 平面为镜像元素(对称平面)，点击"确定"按钮，退出镜像命令。绘制效果如图 9-51 所示。

图 9-51　避让槽镜像

(10) 在下支架底座采用凹槽命令，选底座上平面为草图平面，绘制 1 个直径 28 mm 的圆，然后在草图中分别采用两次对称命令，实现 4 个圆对称；再对圆心尺寸进行修正，如图 9-52 所示，退出草图工作平台。第一限制类型选择"直到最后"，退出凹槽命令。锪孔直径 56 mm，其操作类似于凹槽命令，不再详述。

图 9-52　底座螺栓通孔绘制

(11) 根据图纸，完成下支架底座剩余部分的特征以及头部剩余特征，其三维效果图如图 9-53 所示。

图 9-53　下支架三维效果图

9.5　弹簧滑板座设计

弹簧滑板座设计实例主要涉及凸台🗗、凹槽🔲、开槽🖊等命令。

如图 9-54 所示，该零件也可分为底座和头部两部分，可分开进行特征设计，其大部分特征可用凸台、凹槽命令完成，只有 R3 沟槽采用开槽这一新命令。设计时先将底部大平面通过凸台命令建立其特征，然后建立头部龙门框结构，可以通过凸台将实体龙门框画出，然后用凹槽命令将龙门框内部多余材料切除。采用开槽命令完成 R3 两处沟槽，其余特征可用凸台、凹槽等命令完成。

(1) 选择特征树下的 XY 平面构建底部平面二维图，如图 9-55 所示。选择图 9-55 中的二维图，再点击凸台🗗命令，类型尺寸，长度 40 mm，完成底部三维特征。

(2) 通过平面⬜命令，构建一个基准平面作为头部龙门框的中心平面，以底座一端面偏移 93 mm(186/2=93 mm，这个偏移平面为头部龙门框的中心对称平面)，再以该平面为草图平面；以左视图头部轮廓外形尺寸构建二维图，然后采用凸台🗗命令，构建实体的头部龙门框特征；第一限制类型尺寸，长度 93 mm；点击"更多"，在第二限制设置类型尺寸，长度 93 mm，如图 9-56 所示。

(3) 以刚构建的中心对称基准平面为草图平面，以左视图内部轮廓尺寸构建草图，然后采用凹槽🔲命令，在第一和第二限制设置类型为尺寸，长度各为 70 mm，如图 9-57 所示。

图 9-54　弹簧滑板二维图

图 9-55　底座二维图

图 9-56　头部凸台二维图

(4) 制作头部龙门框的 R3 沟槽，可采用开槽命令。在上一步凹槽基础上，通过平面命令，以头部龙门框内壁平面偏移 3 mm 作为基准平面，如图 9-58 所示；在新做的基准平面进行草图绘制，选择投影 3D 元素，选择构造/标准元素，点击 R210 与龙门框内部面相交的曲线作为参考线，取消构造/标准元素，然后以该参考线做圆弧，如图 9-59 所示。退出草图工作平台。再以刚绘制的曲线做平面，"平面类型"为"曲线的法线"构建基准平面，如图 9-60 所示。在构建的平面上绘制直径 6 mm 的圆。选择开槽命令，其轮廓线选择绘制的直径 6 mm 的圆，中心曲线选择绘制的曲线，点击"确定"按钮，退出开槽命令。在目录下选择刚构建的开槽特征，点击镜像，操作如图 9-61 所示。

(5) 对已构建的三维进行倒圆角，其倒圆角效果如图 9-62 所示。

(6) 构建底部底面特征，基本上采用凸台、凹槽命令即可，效果如图 9-63 所示。此处不再详述。

图 9-57　头部凹槽二维轮廓　　　　　　图 9-58　头部龙门框内部做基准平面

图 9-59 开槽中心曲线绘制　　　　　　　　图 9-60 以曲线的法线构建平面

图 9-61 开槽特征镜像　　　　　　　图 9-62 倒圆角后三维效果

图 9-63 弹簧滑板座三维效果

9.6　桥壳本体设计

桥壳本体设计实例主要涉及盒体、多截面实体、已移除的多截面实体、加强肋等命令。

对于复杂图形，在动手画图之前，需要对二维图进行全面的识图。如图 9-64 所示，桥壳本体中段可由凸台和盒体(抽壳)两个命令实现；过渡段是由不等壁厚的实体构成的，可由多截面实体和已移除的多截面实体两个命来实现不等壁厚过渡体，可用凸台、凹槽、加强肋等命令完成剩余部分。

图 9-64　桥壳本体二维图

(1) 打开 CATIA 进入零件设计模块，点击界面右侧的草图工具，单击左侧特征树下的"xy 平面"，进入草图界面。在草图界面上选择轮廓命令，并对草图进行约束，通过编辑多重约束命令对草图的尺寸进行修改，修改后的草图如图 9-65 所示，退出草图界面。

(2) 选择凸台命令，在打开对话框的"轮廓/曲面"选择如图 9-65 所示的草图，在"长度"一栏中输入 95 mm(190 mm 的一半)，并点开"更多"，在第二限制的"长度"一栏中输入 95 mm，如图 9-66 所示，点击"确定"按钮，完成凸台拉伸。

(3) 倒圆角 R255、R300、R200 后，采用盒体命令 ，根据图 9-67 设置。

(4) 用平面命令，做偏移平面，以盒体两外端面分别构建两个基准平面，再以中心对称平面为基准，偏移 930 mm(2080/2 − 110 = 930 mm)。

(5) 分别做草图，以盒体命令外端面为一个草图的草图平面，在该平面草图做一个 190 × 230 的矩形，如图 9-68 的草图.1 所示；另一个以刚刚新建的偏移平面为草图平面，做 Φ190 mm 的圆，并将该圆打断成 4 段弧，如图 9-68 的草图.2 所示。

图 9-65　桥壳本体中段草图及约束

图 9-66　桥壳中段凸台命令

图 9-67　桥壳盒体命令

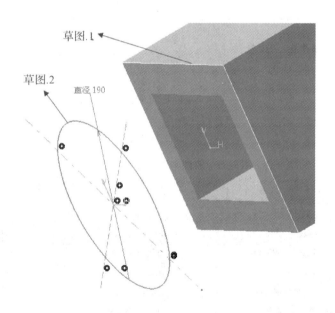

图 9-68　变截面处两个端面草图

(6) 采用多截面实体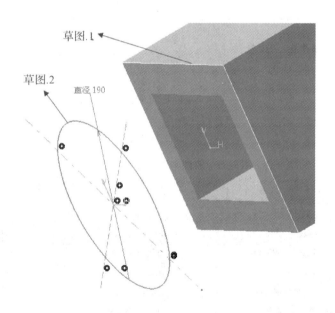，分别选中图 9-69 中的"草图.7"和"草图.8"，注意闭合点的位置和方向。若闭合点位置和方向不合适，可以通过点击多截面实体定义对话框中相应的草图(如草图.8)的"闭合点"，并点击鼠标右键，在弹出的快捷菜单中选择"替换闭合点"，调整闭合点位置；观察闭合点方向，通过点击闭合点处的箭头，实现箭头方向的反转。将"多截面实体定义"对话框中的"耦合"→"截面耦合"通过下拉菜单方式调整为"比率"，点击"确定"按钮，完成多截面实体。另一侧多截面实体可在另一端重复第(4)、(5)、(6)步骤，其三维效果图如图 9-70 所示。

图 9-69　多截面实体设置

(7) 通过已移除的多截面实体，实现壁厚从 35 mm 增大到 38 mm 的目的。分别在一侧的两个基准平面上绘制草图，其草图如图 9-71 所示。采用已移除的多截面实体，如图 9-72 分别选择两个草图，注意闭合点位置和闭合点处的方向，并选择"截面耦合"为"比率"。

(8) 桥壳另一端也重复步骤(7)的操作。

图 9-70　多截面实体后三维效果　　　　　图 9-71　变截面变壁厚处两草图

图 9-72　已移除的多截面实体设置

(9) 在桥壳两端分别做内外圆截面Φ190×Φ114 的凸台，长度 110 mm。

(10) 做Φ428 的凹槽，深度到中心平面即可，三维效果如图 9-73 所示。

图 9-73　桥壳Φ428 凹槽效果

(11) 做 SR260 的球面，采用旋转命令，选择 ZX 平面为草图平面，做如图 9-74 所示的封闭曲线，并做一根旋转轴，系统会自动识别旋转轴。

图 9-74　SR260 封闭曲线

(12) 再做 SR248 的球面，采用旋转凹槽命令，选择 ZX 平面为草图平面，以内部平面为辅助参考线，做如图 9-75 所示的封闭曲线，同时做一根旋转轴。

图 9-75　SR248 封闭曲线

(13) 在 XY 平面做如图 9-76 所示的草图并退出草图。通过混合实体 的下拉菜单，选择加强肋 命令，具体设置如图 9-77 所示。桥壳下方的加强肋也如此设计，此处不再重述。然后通过镜像命令 ，将两条做好的加强肋通过中心对称平面与 YZ 平面对称，至此完成 4 条加强肋，其三维效果如图 9-78 所示。

(14) 通过多次凸台命令完成板簧座特征。

(15) 完成板簧座附近的倒圆角，其三维效果如图 9-79 所示。(注：部分倒圆角需要选择要保留的边线。)

图 9-76　加强肋草图　　　　　　　　图 9-77　加强肋命令设置

图 9-78　加强肋效果图

图 9-79　板簧座及附件圆角特征三维效果

(16) 其他倒圆角。在复杂三维倒圆角制作过程中，有时候倒圆角会出现错误，这时需要对倒圆角顺序进行相应调整，最终倒圆角效果如图 9-80 所示(在桥壳内部倒圆角 R20 前，需要对内部变截面处的棱线进行倒圆角 R30 以上，然后再进行倒圆角 R20)。

图 9-80　剩余倒圆角效果

9.7　车桥桥壳总成装配

打开 CATIA 软件，首先要进入装配设计模块，对拟装配的总成产品(软件中称零件编号)进行命名。

(1) 打开装配设计模块操作有两种方法，可任选一种方法进入装配设计模块。

第一种方法为快速方法：在第一章第四节中，设置了常用的子模块，在打开的 CATIA 界面中，点击右上角的"所有常规选项"，如图 9-81 所示。此时弹出对话框，如图 9-82 所示，选择"装配设计"，弹出"零件编号"对话框(也有可能不会弹出，根据软件设置有所不同)，如图 9-83 所示，在对话框中输入新零件编号(总成编号)为 2401010CG01。

图 9-81　快速进入装配设计模块

图 9-82 所有常规选项对话框

图 9-83 新零件编号

第二种方法为常规方法：在打开的 CATIA 界面中，点击左上角的命令栏中的"开始""机械设计""装配设计"，如图 9-84 所示。

图 9-84 正常方法进入装配设计模块

　　希望大家能够掌握快速方法，一方面有利于新建设计的开展，另一方面有利于子模块间的来回切换，从而提高设计速度。

　　在设置完新零件编号 2401010CG01 后，正式进入装配设计子模块的界面。在装配模块中，有几个比较重要的命令栏，其中产品结构工具(图 9-85)、约束(图 9-86)、移动(图 9-87)、装配特征(图 9-88)等工具栏比较常用。

图 9-85　产品结构工具栏

图 9-86　约束工具栏

图 9-87　移动工具栏　　　　　图 9-88　装配特征工具栏

　　(2) 点击产品结构工具栏中的现有部件![icon]，此时需移动鼠标至特征树下。这一步实际上是对产品结构树进行操作，即将要装配的零部件放在总特征树下还是放在部件的特征树下，通过鼠标即可完成此装配操作。

　　点击现有部件命令，将鼠标移动至特征树 2401010CG01 处，如图 9-89 所示，点击鼠标，此时弹出"选择文件"。将第二章所设计的三维图插入到现有特征树中，选择桥壳本体三维(零件号为 9-06)作为第一个要装配的零件，如图 9-90 所示，此时特征树上已增加了一个分支，装配效果如图 9-91 所示。

图 9-89　插入现有部件

图 9-90 插入桥壳

图 9-91 第一个零件装配效果

(3) 继续点击现有部件命令 ，将半轴套管(实例 3，零件号为 9-03)插入到总特征树下，如图 9-92 所示，其位置一般由要装配零件的坐标系和装配图中的坐标系重合，自动进行装配。但由系统自动装配的位置一般不符合设计的意图，因此可采用约束工具栏对零件进行重新约束装配，若系统自动装配的零部件在视图界面很难通过鼠标直接进行约束操作时，则可通过移动工具栏(移动障碍物或者其他零部件等方式)，实现现有零件约束操作。

图 9-92 半轴套管初始装配

(4) 通过移动工具栏中的操作命令![icon]，将半轴套管或桥壳沿某一个方向移开，如图 9-93 所示。调整时应该以右下方的全局坐标系的 X 轴、Y 轴和 Z 轴方向为参考依据来调整方向。

图 9-93　调整零件位置

(5) 点击约束工具栏中相合约束命令![icon]，分别选中桥壳外端面和半轴套管的外端面，使两个面通过相合约束命令重合；继续采用相合约束命令，使桥壳的轴心与半轴套管的轴线重合，如图 9-94 所示。由于半轴套管通气孔需要朝上，故需要采用约束工具栏中的角度约束命令![icon]，将半轴套管通气孔的一面平面与桥壳平面平行(该角度约束命令可通过选择不同的元素实现垂直、平行、角度等命令，此处选择平行命令)，还可通过方向(相同或相反)来调整平行面的位置，最终使通气孔朝上，如图 9-95 所示。

图 9-94　半轴套管和桥壳相合命令

图 9-95　半轴套管通气孔位置调整

(6) 再装配另外一个半轴套管，采用类似的方式，此处不再重述，如图 9-96 所示。

图 9-96　另一侧半轴套管装配

(7) 继续点击现有部件命令，将法兰零件(零件号为 9-02)插入到总特征树下。采用相合命令，将法兰轴线与半轴套管轴线重合。提示：可以先选半轴套管的轴线，因为法兰大小相对整个总成来说，零件偏小，故可以先将法兰局部放大。操作办法为按住 Ctrl 键，将鼠标移至法兰零件上，然后同时按住鼠标中键，向上移动鼠标，即可实现将法兰局部放大，再选取法兰轴线。点击约束工具栏中的偏移约束 ![icon], 选择法兰厚度较厚的平面为偏移面，选择半轴套管的一台阶面为另外一偏移面，"偏移"距离为"163.5 mm"，如图 9-97 所示。现将界面调整到合适操作的位置,如图 9-98 所示,对法兰进行角度调整。采用角度命令 ![icon], 选择法兰的坐标平面，选择桥壳板簧座上平面，采用角度控制，"角度"为"90deg"，如图 9-99 所示。另一侧法兰装配操作相似。

图 9-97　法兰偏移约束

图 9-98　调整法兰实体界面　　　　　　　　　图 9-99　法兰装配角度调整

9.8　衬环工程图设计

(1) 打开 CATIA 软件，选择开始→机械设计→工程制图，如图 9-100 所示。选择标准：空图纸，ISO，图纸样式：A3 ISO，点击"确定"按钮，进入工程制图界面。进入界面时，除了外框线，并没有标题栏，此时需要通过菜单栏→编辑→背景图纸对图纸进行相关设置，如图 9-101 所示。

图 9-100　工程制图路径

图 9-101　图纸背景路径

(2) 进入背景编辑后，在 CITIA 窗口右侧找到框架和标题节点命令 □ ，点击后弹出管理框架和标题块对话框，如图 9-102 所示。在"指令"栏中点击"创建"，在"标题块的样式"里选择合适的标题栏，此处选择"绘制标题节点示例 2"，点击"确定"按钮，再点击菜单栏→编辑→工作视图(与图 9-102 操作类似)，恢复到工作界面。

(3) 将刚刚设置过的工程二维图保存,点击主菜单→文件→保存,文件名改为"example8"。

图 9-102   管理框架和标题块对话框

(4) 导入并打开衬环三维,操作顺序:光盘资料→第九章实例→9-1.CATPart(打开时间稍长)。打开衬环三维后,界面停留在零件设计模块,故需要将界面转至工程图设计模块,操作顺序:选择主菜单→窗口→选择 example8.CATDrawing,如图 9-103 所示。

图 9-103   衬环三维和二维图切换

(5) 进入 example8.CATDrawing 工程图界面,点击主菜单→插入→视图→投影→正视图,如图 9-104 所示。然后直接选择主菜单→窗口,选择衬环三维图,进入产品界面后,单击产品的一个面(此处选择"yz 平面"),这个面就作为投影面,并体现在工程图的界面中,此时工程图界面如图 9-105 所示。

图 9-104   插入投影正视图步骤

图 9-105　衬环二维正视图

(6) 在工程图界面继续点击主菜单→插入→视图→截面，然后通过选择主菜单→窗口，进入衬环三维图界面，选择 "zx 平面"(可以通过左侧特征树的方式，快速选择剖切平面)，视图自动切换至工程图界面，将剖切视图移至合适位置，点击鼠标左键，完成剖视图，如图 9-106 所示。

(7) 根据图 9-1 所示，衬环二维图只需一个正视图带剖视效果的图就满足制图需要了，因此将图 9-105 中的正视图删除，可用鼠标点击虚线框中的视图或者点击左侧特征树下的正视图，然后在键盘上按下 "Delete" 键，即可删除。删除过程中，会跳出对话框，可以直接点击确认，得到最终的剖视图，如图 9-107 所示。

图 9-106　衬环二维剖视图

图 9-107　衬环最终剖视图

(8) 剖视图完成后，下一步要对图上的特征进行尺寸、公差等标注。如图 9-1 所示，在工程图内分别标注内径 Φ130、外径 $\Phi 142_{-0.1}^{0}$、高度 18±0.1 和角度尺寸 4°、15°(两端)。

在工程图界面右侧，选择尺寸 ▦，点击内径标注 130，在合适的地方点击鼠标左键，完成内径 130 的标注，如图 9-108 所示；但尺寸的直径符号 Φ 还需要通过选中尺寸后，单击鼠标右键，弹出快捷菜单，选择属性，如图 9-109 所示。弹出对话框后，选择"尺寸文本"，在前缀里选择符号"Φ"，点击"确认"，完成 Φ130 标注，如图 9-110 所示。用相同的办法，标注外径 Φ142。在弹出对话框中完成尺寸文本选择符号 Φ 后，不要立即点击确认，先点击对话框下方的应用，然后在属性对话中选择"公差"，如图 9-111 所示，在"公差"选项中，主值选"TOL_NUM2"，在下限值中填入"-0.1"，如图 9-112 所示，然后点击"确定"按钮完成外径 $\Phi 1422_{-0.1}^{0}$ 的标注。用相同的办法标注尺寸 18，然后在工程图界面上方，如图 9-113 所示，在"(无公差)"选项中选择"ISONUM"，后面的空白栏中填入(或选中) ± 0.1，如图 9-114 所示，完成高度 18±0.1 尺寸标注。同理，标注角度尺寸 4，点击尺寸 ▦ 的倒三角，弹出尺寸扩展命令栏，如图 9-115 所示；选择角度尺寸 ⬓，选择角度的两条边，然后单击鼠标右键，弹出对话框，选择角扇形中的扇形 1 至扇形 4 中的一种，得到角度 15°，如图 9-116 所示；再选中角度 15°，单击鼠标右键，弹出属性对话框，选择"尺寸文本"，在主值下方的空白框中填入"两端"，完成角度 15°(两端)的标注，如图 9-117 所示。最终衬环的二维工程图如图 9-118 所示。

图 9-108　内径尺寸 130 标注(1)

图 9-109　内径尺寸 130 标注(2)

图 9-110 内径尺寸 130 属性对话框

图 9-111 外径尺寸 Φ142 公差标注(1)

图 9-112　外径尺寸 Φ142 公差标注(2)

图 9-113　尺寸 18 公差标注(1)

图 9-114　尺寸 18 公差标注(2)

图 9-115　尺寸扩展命令栏

图 9-116　角度 15° 标注(1)

图 9-117　角度 15° 标注(2)

图 9-118　衬环二维工程图

9.9　下支架工程图设计

在实际的工程图中，不仅存在尺寸和公差，还有粗糙度、形位公差等标注和局部剖、虚线、双点划线等图示表示。在本例中，将以图 9-39 为例，着重讲解粗糙度、形位公差、局部剖等设置。

(1) 在 CATIA 中打开第九章实例→9-04.CATPart 下支架三维，再打开一张空白的工程制图图纸，具体流程：开始→机械设计→工程制图。

(2) 选择空图纸，点击图 9-119 中的修改，在图纸样式的下拉选项中选择"A2 ISO"，点击新建工程图中的"确定"按钮，然后再点击创建新工程图中的"确定"按钮，完成 A2 图幅设置，系统自动进入工程图界面。

图 9-119　A2 图幅设置

(3) 根据图幅大小和零件尺寸的图幅，需修改"全局标度"，也就是将比例尺改为 1:2。如图 9-120 所示，点击工程图右侧的特征树，点击"页.1"，右键弹出快捷菜单，选择"属性"，如图 9-121 结果所示，将"标度"原为"1:1"改为"1:2"，分别点击"应用"和"确认"按钮。

注：也可以选择工程图右侧的视图工具栏中正视图 ，通过其倒三角的下拉菜单选择高级正视图 ，对"全局标度"进行设置。

图 9-120　图纸页属性设置弹出菜单

(4) 标题栏设置如图 9-121 所示，进入背景编辑后，在 CITIA 窗口右侧找到框架和标题节点命令 ，点击该命令后弹出管理框架和标题块对话框，后续设置相同，此处不再重复介绍。

图 9-121　全局标度修改

(5) 前期的图纸设置工作基本完成，下面将零件 9-04 的三维按照图 9-39 的要求进行视图放置。点击主菜单→插入→视图→投影→正视图，如图 9-122 所示点击菜单栏上的"窗口"，选择"9-04.CATPart"，选择"9-04.CATPart"特征树中的"zx 平面"，系统自动转到工程图界面，点击界面任意空白位置，得到如图 9-123 所示的投影。此时得到的正视图其位置、线型视图的方向等都与图 9-39 所示的正视图不一样，故需要进一步设置。

图 9-122　工程图切换

图 9-123　初步投影正视图

(6) 将正视图移至工程图图纸的合适位置，然后将正视图旋转 180°，并在正视图里设置局部剖。将鼠标移至初步投影正视图的虚线边框，鼠标指示形状由箭头形状变为手指形状(此处根据电脑鼠标默认形状获得，若对鼠标进行个性化设置后，此处会有所不同)，然后按住鼠标左键，出现十字符号将正视图移至工程图左上方合适的位置。

如图 9-124 所示，将鼠标移至初步投影正视图虚线边框，直至鼠标出现手指形状，单击鼠标左键，弹出快捷菜单，选择"属性"，弹出如图 9-125 所示的属性对话框。将图 9-125 中的"角度"中"0deg"设置为"180deg"，将鼠标移至"圆角"后的选项，勾选"投影的原始边线"，如图 9-126 所示，点击"应用"按钮和"确认"按钮，如图 9-126 所示。观察正视图的变化效果。

图 9-124　正视图快捷菜单

图 9-125 正视图属性对话框

图 9-126 正视图属性对话框修改及其应用效果

(7) 隐藏不必要的一些辅助设置，如图 9-126 所示的"坐标""正视图"等字样。选择图 9-123 中的"正视图 修改 1:2"字样并按住 Ctrl 键，选择两个坐标轴，单击鼠标右键，弹出快捷菜单，如图 9-127 所示，选择"隐藏/显示"命令，实现隐藏目的。

图 9-127　快捷菜单-隐藏命令

(8) 如图 9-128 所示，选择"插入→视图→断开视图→剖面视图"。如图 9-129 所示，在主视图销孔位置，通过鼠标连续点击，画出一个封闭的多边形，此时弹出图 9-129 右侧的"3D 查看器"，点击"确认"按钮，完成主视图上的局部剖视图。

图 9-128　剖面视图命令

图 9-129 正视图局部剖面视图过程

(9) 继续完成主视图上的双点划线，如图 9-125 正视图属性对话框设置，将"隐藏线""中心线"和"轴"选项选中，然后选择不必要的隐藏线，用鼠标右键选择"删除"或者直接通过键盘选择"Delete"去除多余的隐藏线。最终获得的主视图如图 9-130 所示。

图 9-130 主视图最终效果

(10) 根据图 9-39 的要求，先初步完成左视图。通过选择"插入""视图""投影""投影"，完成左视图，如图 9-131 所示。删除不必要双点划线，通过选择"插入""视图""断开视图""剖面视图"完成左视图中两处局部剖视图，结果如图 9-132 所示。

注意：在选择剖面视图时，先要将左视图激活(即左视图的外框线在屏幕上由蓝色变为红色)。在剖面视图"3D 查看器"中的"参考元素"可以在主视图相应的位置进行选取。

图 9-131　左视图初步情况

图 9-132　左视图完成效果

(11) 对于图 9-39 的 A 向视图，可以采用"插入→视图→投影→投影"的办法，投影仰视图，然后将仰视图移至相应位置即可。

注意：在做向视图时，应将所需要投影的视图激活，才可进行下一步投影。

至此，3 个视图都已准备完毕，需要通过右侧的几何创建工具栏中的直线 ╱ 工具，在图形中心画中心线(在图形属性里设置：线型粗细设置为 0.13 mm，中心线 24)。

(12) 隐去各视图的视图框架(各视图的虚线边框)，按住 Ctrl 键选择工程图结构树中的"各视图"，单击鼠标右键弹出快捷菜单，选择属性，弹出属性对话框，将"显示视图框架"勾选取消，点击"确定"按钮，最终效果如图 9-133 所示。

后续标注，因篇幅关系，该书只对部分含基准、形位公差和粗糙度的尺寸进行标注，其他尺寸标注由读者作为作业自行完成。

(13) 在工程图界面右侧，选择尺寸 ▦ ，标注主视图上的 Φ50、A 向视图上的 4×Φ28 尺寸和螺栓孔中心距 170、230 尺寸。继续选择基准特征 Ⓐ ，分别标注基准 A 和基准 B，标注如图 9-134 所示。

按住 Ctrl 键，选择中心孔尺寸 170 和 230，将鼠标移至尺寸上(鼠标形状变成手指形状)，单击鼠标右键，弹出属性对话框，如图 9-135 所示，选择"文本"→"框架中选择→矩形"，点击"确定"按钮，完成中心孔尺寸 170 和 230 理论尺寸标注。

(14) 选择基准特征 Ⓐ 的倒三角符号，弹出下拉工具栏，选择形位公差 ▦▦ ，如图 9-136 所示，在直径 Φ50 处标注垂直度，选取垂直度符号，填入相应的数值和基准，点击"确定"按钮，完成标注。继续选择形位公差 ▦▦ ，如图 9-137 所示，在螺栓孔 4×Φ28 的尺寸处标注位置度，其中位置度中"Φ0.3"的"Φ"可以从形位公差对话框的"插入符号"进行选取。

图 9-133 三视图摆放

图 9-134 尺寸和基准标注

图 9-135　中心孔 170、230 理论尺寸标注

图 9-136　销孔Φ50 的垂直度标注

图 9-137　螺栓孔Φ28 的位置度标注

　　(15) 最后标注粗糙度符号，在工程图界面右侧，选择粗糙度，如图 9-138 所示，在尺寸直径Φ50 处进行标注。初期粗糙度选点可以放在直径Φ50 的尺寸线下，选择粗糙度符号为 Ra，但需将前缀"Ra"删除，粗糙度数值填写 3.2，粗糙度类型选择"▽"，曲面纹理/所有周围曲面选择"／"，点击"确认"按钮，完成直径Φ50 处粗糙度 3.2 的标注。

图 9-138　销孔Φ50 尺寸的粗糙度标注

　　(16) 继续选择粗糙度，如图 9-139 所示，对螺栓孔Φ28 尺寸进行粗糙度标注。粗糙度标注时，需要将鼠标点移至所选尺寸 9×Φ28，出现粗糙度符号，符号若方向不对，可以通过粗糙度对话框中的反转按钮"⇄"对粗糙度符号进行翻转，粗糙度数值填写 6.3，点击"确认"按钮，完成螺栓孔Φ28 尺寸的粗糙度 6.3 的标注。

　　(17) 采用文本 T 编写技术要求，文本换行采用"Shift+Enter"键。标注完成的图纸显示如图 9-140 所示。

图 9-139　螺栓孔Φ28 尺寸的粗糙度标注

技术要求：
1. 未注铸造圆角R3-R5，未注加工倒角1×45°
2. 铸件不得有气孔、砂眼等铸造缺陷
3. 铸造拔模斜度不大于2°

图 9-140　完成后的图纸标注

课 后 练 习

一、在 CATIA 的零件设计——草图中将图 9-141 所示图形画出，并标注尺寸。

1. 限时 3 分钟。

图 9-141　练习题图(1)

2. 限时 25 分钟。先画法兰盘的主视剖视图(见图 9-142)，再根据投影关系作左视图。

图 9-142　练习题图(2)

二、请根据图 9-143、图 9-144、图 9-145 二维图，在 CATIA 零件设计中完成三维图形的绘制。

1. 限时 10 分钟。

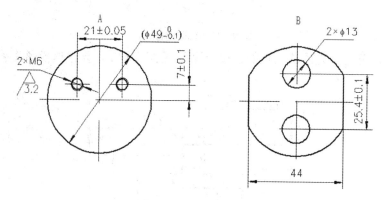

图 9-143　练习题图(3)

2. 限时 10 分钟。

图 9-144　练习题图(4)

3. 限时 20 分钟。（有限元桥壳模型图）

图 9-145　练习题图(5)

三、法兰工程图设计。

以光盘资料→第九章实例→9-02.CATPart 法兰三维图为基础,画出如图 9-11 所示的法兰二维工程图。

四、弹簧滑板座工程图设计。

以光盘资料→第九章实例→9-05.CATPart 弹簧滑板座三维图为基础,画出如图 9-54 所示的弹簧滑板座二维工程图。

参 考 文 献

[1] 左克生, 胡顺安, 等. CATIA 逆向设计基础[M]. 西安: 西安电子科技大学出版社, 2018.

[2] 王宵, 刘会霞. CATIA 逆向工程实用教程[M]. 北京: 化学工业出版社, 2006.

[3] 北京兆迪科技有限公司. CATIA V5R21 产品工程师宝典[M]. 北京: 中国水利水电出版社, 2014.

[4] 潘常春, 李加文, 卢骏. 逆向工程项目实践[M]. 杭州: 浙江大学出版社, 2014.

[5] 成思源. 逆向工程技术综合实践[M]. 北京: 电子工业出版社, 2010.

[6] 成思源, 杨雪荣. Geomagic Design Direct 逆向设计技术及应用[M]. 北京: 清华大学出版社, 2015.

[7] 张云杰, 张云静. CATIA V5 中文版从入门到精通[M]. 北京: 清华大学出版社, 2016.

[8] 李成, 韩海玲, 李方方. CATIA V5 中文版从入门到精通[M]. 北京: 人民邮电出版社, 2013.

[9] 刘宏新, 闻浩楠, 王晨. CATIA 曲面设计基础与工程实践[M]. 北京: 机械工业出版社, 2015.